滋賀の石橋とマンポ

石造りの橋と隧道・地下水路トンネルめぐり

森野秀三 著

森野雄二郎 編

SUNRISE

目次

矢川神社の太鼓橋（甲賀市甲南町森尻）　柳井直躬　画（大阪府枚方市在住）

1

滋賀の石橋

加茂神社の石橋　高島市安曇川町四津川

甲賀十三橋

滋賀県甲賀《こうか》市に私は暮らしています。北海道から沖縄まで、全国の石橋をめぐり撮影してきました。そして各地で写真展を催すとともに、「石橋探偵のブログ」を開設し、石橋の素晴らしさを伝えてきました。

石橋といえば、九州の通潤橋などのダイナミックで大型のものを連想される方も多いでしょう。滋賀県にはそこまで大きな石橋はありません。しかし滋賀県では数多くの神橋としての太鼓橋を見ることができます。とりわけ甲賀地域には石造りの神橋が多く、しかも背の高い太鼓橋や長さのある参道橋です。ふつうの石の橋ではない重厚な石桁《いしげた》橋です。そして旧甲賀郡（甲賀市・湖南市）から13の石橋を私の独断と偏見で選んだのが「甲賀十三橋」です。「甲賀十三橋」は滋賀の石橋の特徴をよく表しています。石橋の素晴らしさに加え、鳥居、拝殿、本殿とのバランスが良く、神社としての魅力も十分です。

湖南市の**夏見神社**は天井川の由良谷《ゆらだに》川に架かっていて、小学校よりも高い位置にあり、とても不思議な空間にあります。由良谷川は水無川なので、川床に下りて橋の下からの撮影もできます。甲賀市の**宇田八幡神社**の石橋は、地元出身で京都で大成功した呉服商の「近江屋」さんが石橋と神輿《みこし》を寄進したものです。時代劇にも出てきそうで面白いものです。大きな太鼓橋の**矢川神社**、**水口《みなくち》神社**、**大鳥神社**、**国中《こくちゅう》神社**、水の豊かな**柏木神社**、川のない**三十八社**、桜のきれいな**和野八幡神社**、脚の長い**椿神社**、擬宝珠のある**日《ひ》枝《え》神社**、森の中の**八坂神社**、究極の太鼓アーチの**貴船神社**、どれも個性的な重厚な石橋です。

これが「甲賀十三橋」なのです。

日枝神社の太鼓橋　明治45年（1912）架橋
―――湖南市下田　2011.10

矢川神社の太鼓橋　寛文11年(1671)架橋——甲賀市甲南町森尻　2011.10

八坂神社の下馬橋　元禄12年(1699)架橋——甲賀市水口町嵯峨　2015.3

三十八社の下馬橋　元禄年間(1688～1704)架橋――――甲賀市水口町伴中山　2012.5
川のない石橋です。珍しい石舞台の拝殿があります

和野八幡神社の太鼓橋　元禄16年(1703)架橋――――甲賀市水口町和野　2014.4

大鳥神社の太鼓橋　延享元年(1744)架橋――――甲賀市甲賀町鳥居野　2015.5

柏木神社の下馬橋　元禄16年(1703)架橋――――甲賀市水口町北脇　2014.4
水路には三つの石橋が架かっています

椿神社の太鼓橋　宝暦年間(1751〜64)架橋———甲賀市甲賀町隠岐　2011.10

椿神社の太鼓橋

——「石橋探偵のブログ」より

椿神社のある隠岐地区は甲賀市甲賀町の山の中にあります。椿神社は別名「寺《てら》庄《しょう》神社」と呼ばれていますが、JR草津線寺庄駅から歩いても30分近くかかります。『椿神社太鼓橋』は本殿から離れた参道にあり、参道を歩いて行くとぽこっとした太鼓が見えるのですが、反対側から見ると脚の長い石の太鼓橋に変身します。さすが、忍者の里です。本殿へは、鳥居をくぐり坂道を上ります。きれいに修復された拝殿があり、その奥が本殿です。椿神社の近くには「甲賀の里忍術村」があり、移築された忍術屋敷の「藤林家」では、どんでん返しやつり天井など忍者ならではの工夫があり、池を渡ったり、手裏剣を投げたり、こどもからおとなまで楽しめます。「大鳥神社」「和野八幡神社」「八坂神社」なども近くにあります。椿神社では、毎年4月の初めに「流鏑馬《やぶさめ》」という、隠岐地区から選ばれた若者が古式装束姿で馬を走らせながらネムノキで作った割板を弓で射る行事が催されます。その像が本殿の前にあります。

宇田八幡神社の下馬橋　昭和28年（1953）架橋——甲賀市水口町宇田　2011.10

宇田八幡神社の下馬橋 ——「石橋探偵のブログ」より

宇田八幡神社の石橋の架橋年代が「不明」でしたが、今日わかりました。教育委員会に尋ねたところ「わからない」という返事だったので「不明」にしていました。実際、宇田八幡神社へ行って清掃している方に尋ねると、驚いたことに『太鼓橋』ではなく『下馬橋』と呼んでいました。それがひとりではありません。そして『下馬橋』に年代があるというので見たのですが、わかりにくかったので、自宅に戻り、紙と4Bの鉛筆をもって、石刷りしたところ「和廿八年四月」という文字が判明しました。近所のよく知っている人に確認したところ「昭和28年」に間違いないようです。寄付されたのは、地元出身で京都の「近江屋」という呉服屋の主人「房本清」で、神輿なども寄付されています。固定観念で丸い神社の石橋は『太鼓橋』といえば間違いないと思っていました。なぜ『下馬橋』と住民はいうのかと疑問も残りましたが、住民は昔から『下馬橋』と呼んでいるようでした。

貴船神社の太鼓橋　江戸時代架橋———湖南市岩根　2017.1

水口神社の下馬橋　江戸時代架橋———甲賀市水口町宮の前　2016.3
水口神社は曳山まつりでも有名です。脇に低い石橋もあります

水口神社の下馬橋 ──「石橋探偵のブログ」より

水口神社へ挨拶に行った時、ご夫人から「げんばの橋って何」と尋ねられました。「現場？」「俵星《たわらぼし》玄蕃《げんば》？」よくわかりませんでした。宇田八幡神社で清掃している氏子さんが「げんばばし」といっているので、やっと『下馬橋』とわかりました。『下馬橋』といえば甲賀市水口町では八坂神社だけかと思っていましたが、柏木神社で尋ねると、水口では太鼓橋のことを「げばの橋」と呼んでいるようです。ただ、和野八幡神社は『太鼓橋』と呼んでいます。和野はもともとは旧甲賀町で、後で旧水口町に吸収されたそうです。

　ということで『甲賀十三橋』のうち、『太鼓橋』と呼んでいるのは甲賀町の大鳥神社、椿神社、甲南町の矢川神社、水口町の和野八幡神社、湖南市の日枝神社、貴船神社、『下馬橋』と呼んでいるのは、水口町の水口神社、柏木神社、宇田八幡神社、国中神社、三十八社、八坂神社、『参道橋』は湖南市の夏見神社となりました。

　『下馬橋』とは神社へ参拝する時、この橋の前で馬から下りて参拝するための橋という意味があります。有名なのは、長野県の諏訪大社春宮の『下馬橋』ですが、この橋は木橋です。また同義語で『下乗橋』という言葉があります。皇居正門石橋も『下乗橋』といわれていましたし、弘前城や徳島城にも『下乗橋』があります。なぜ甲賀市水口町だけが『下馬橋』なのか、疑問が残ります。

　矢川神社の太鼓橋は『そりはし万事日記』の中で架橋年代が記されていました。宮司は『そりはし』は役所言葉で、昔から『太鼓橋』と呼んでいるといいます。『太鼓橋』の下の池は『下馬池』なので『下馬橋』ではと質問すると、『太鼓橋』といい、『矢川神社太鼓橋』として甲賀市文化財指定されています。私は、神社が決めた名称でまとめるべきだと思います。

　ひとつの橋にいくつもの名前を持つのもおかしなことで、さらに呼ばれたことのない名称が正しいというのもおかしなことです。

日枝神社の太鼓橋　明治45年(1912)架橋――湖南市下田　2011.10

国中《こくちゅう》神社の下馬橋　昭和10年(1935)架橋――甲賀市水口町植　2014.4

夏見神社の参道橋　昭和12年(1937)架橋———湖南市夏見　2014.11

水無川の由良谷川に架かる夏見神社の参道橋と桜———湖南市夏見　2014.4

太鼓橋は面白い！

調べていくうちに、滋賀県は、京都や奈良に比べて、圧倒的に太鼓橋（神橋）が多いことがわかりました。特に甲賀周辺は流行のように、石の太鼓橋があります。それは京都に延びるのではなく、岐阜さらに愛知の尾張地方に点在しています。また九州では熊本ではなく、福岡、特に久留米周辺に多く、さらに佐賀へと延びています。数でいくと愛知、歴史でいくと福岡・佐賀・滋賀がおすすめです。

甲賀地域は愛知県の一宮市、江南市に次ぐ石の太鼓橋の多さで、福岡県の久留米市を含めて「四大石の太鼓橋都市」になります。中でも甲賀市はその歴史が突出しています。甲賀市の矢川神社太鼓橋は寛文11年（1671）、八坂神社下馬橋が元禄12年（1699）、三十八社、和野八幡神社、柏木神社、大鳥神社、椿神社などの太鼓橋が軒並み1700年代の建立です。

滋賀県で最も古い多賀大社の「太閤橋」は江戸中期に建てられています。その後滋賀には「神橋」という石造りの太鼓橋が造られるようになりました。

石造り太鼓橋は、神様が渡るための橋といわれています。また神様と出会うため、お祭りの時に神輿をかつぐ時だけ渡ることを許されていました。一説には「世の中をまるく治めるた

長畝八幡神社の太鼓橋――――福井県坂井市丸岡町畑中　2014.1

め」といわれ、福井県坂井市丸岡町の長畝《のうね》八幡神社の石の太鼓橋は、敵からの「鬼門除け」ともいわれています。

いずれにせよ、渡ることができない橋など世間には考えられません。中国にも太鼓橋と呼ばれる石造りアーチ橋はあるのですが、渡れるように階段や手すりがあります。渡れない神橋を海外にアピールすることで、旅行者も見物に来られるでしょう。「神橋」は神事の記念物から観光物になりうる素材です。造られた石工も、きっと見てもらうために造ったのです。

日吉三橋そして滋賀の石橋

大津市坂本の日吉大社には豊臣秀吉が寄進したという三つの大きな橋があり『日吉三橋』と呼ばれています。国の重要文化財に指定されている滋賀県を代表する石橋です。大宮橋、走井《はしりい》橋、二宮橋の三橋は秀吉の寄進で天正14年（１５８６）に建立されています。当時は木橋だったのですが、江戸後期の寛文９年（１６６９）に石橋に生まれ変わりました。木橋のデザインのまま石で造ったので、他には真似のできない石橋となりました。九州の石造アーチ橋と比較してもひけをとらない大きな石橋です。

西本宮に参拝に行く左側を見ると壊れた石橋が見えます。これが四つめの石橋、橋殿橋（波止土濃《はしどの》橋）です。『日吉社神道秘密記』（天正10年〈１５８２〉）には橋に屋根ありと記され、もとは木橋といわれています。比叡山と坂本を結ぶ橋で、大正10年（１９２１）に石橋に架け替えられましたが、昭和47年（１９７２）台風20号により半壊しました。現在、橋としての機能はありませんが、撤去することなく現地保存することでその存在価値を高めています。うれしくなりました。

それでは日吉三橋をはじめとする滋賀の石橋を、おおむね南から北へとめぐっていきましょう。

日吉大社の大宮橋――――大津市坂本　2011.11

日吉大社の走井橋――――大津市坂本　2011.11

日吉大社の二宮橋――――大津市坂本　2011.11

日吉大社の橋殿橋――――大津市坂本　2011.11

三尾《みお》神社の石橋――大津市園城寺町　2012.1

真野神田神社の石橋――大津市真野　2012.3

聖衆来迎寺《しょうじゅらいこうじ》の石橋――――大津市比叡辻　2012.10

西教寺《さいきょうじ》の石橋――――大津市坂本　2011.11

三井寺の村雲橋――――大津市園城寺町　2012.1
横に長いどっしりとした風格ある石橋です

三井寺の石橋――――大津市園城寺町　2012.1

三井寺護法社の石橋　享保18年(1733)架橋――大津市園城寺町　2012.10

長等公園川口堀の石橋　明治時代架橋――大津市小関町　2012.10

小椋神社神苑の石橋――――大津市仰木　2017.5

小椋神社神苑入口の石橋――――大津市仰木　2017.5

葛《かずら》木《ぎ》神社の石橋――――甲賀市甲南町葛木　2016.5

大《だい》池《ち》寺《じ》の石橋――――甲賀市水口町名坂　2017.4
釈迦如来坐像と庭園で有名です

玉桂寺の石橋――甲賀市信楽町勅旨　2014.3

玉桂寺境内の石橋――甲賀市信楽町勅旨　2014.3

下山日吉神社の石橋———甲賀市水口町下山　2012.8

下山日吉神社の石橋

——「石橋探偵のブログ」より

私の地元の甲賀市水口町下山の日吉神社には二つの石橋が架かっています。左は平成8年（1996）架橋、右は享保20年（1735）架橋です。

左の石橋が大きく、右の石橋は古いということになります。あなたは下山日吉神社の石橋としては、どちらを選びますか。

私は、右側の古い石橋を「日本の石橋展」では、展示しました。直線上の法則からいっても、古い石橋は本殿から直線の位置にあり、神橋に近い存在といえます。ところが、これも時世か、見栄えのいい方を選びたがります。将来は『下山日吉神社石橋』といえば、左側の太鼓橋が紹介されることでしょう。大切なことは、江戸中期の石橋が参拝者のために、いまも活躍しているということです。ふるさとの石橋を大切に守りましょう。

善水寺の石橋―――湖南市岩根　2012.9
本堂は国宝

常楽寺の石橋―――湖南市西寺　2013.3
本堂と三重塔はともに国宝

湖南市東寺の広野川から移した石橋———湖南市雨山文化運動公園　2013.3
珍しい工法で造られた八の字形の石橋です

湖南市宝来坂から移した石橋———湖南市雨山文運動化公園　2013.3
江戸中期から幕末にかけて造られたものです

吉姫神社の石橋———湖南市石部東　2013.5
こちらは女神様

吉御子神社の御幸橋———湖南市石部西　2013.5
こちらは男神様

馬見岡綿向神社の石輪橋　享保３年(1803)架橋———蒲生郡日野町村井　2012.9

馬見岡綿向神社庭園の石橋———蒲生郡日野町村井　2016.3

正法寺《しょうぼうじ》庭園の石橋――――蒲生郡日野町鎌掛　2012.10

八阪神社の太鼓橋――――蒲生郡日野町鎌掛　2012.10

日野町の石橋 ——「石橋探偵のブログ」より

『八阪神社』は日野町鎌掛にあり、明和5年（1768）に架けられた神橋があります。太鼓橋の形もきれいで、橋脚も長いのでほれぼれします。ただ、『八阪神社』は「八坂神社」と間違われて載っている時が多く、地元の看板も『阪』の字ではなく「坂」の字になっていてがっかりしました。

　そして、その近くに『正法寺《しょうぼうじ》石橋』があります。この橋は藤の寺として有名な「正法寺」の放生池に架かる石橋で、庭園ならではの雰囲気があります。しかも本堂とは、「石橋における直線上の法則」にのっとっています。

　そして、日野町の石橋のメインに日野町村井にある『馬見岡綿向神社石輪橋』があります。日野の中心部にあり、『石輪橋』は、享和3年（1803）架橋の、大きな太鼓橋です。両サイドにも石橋を構え、荘厳な神社の中心を担っています。庭園にも石橋があり、石橋好きにはたまらない神社です。

　皆さん、蒲生氏郷の町・日野町へ行きましょう。日野菜に日野あられ、いがまんじゅうがお待ちしています。

金峯神社の石橋——蒲生郡日野町蔵王　2012.9

十二神社の太鼓橋———蒲生郡日野町西明寺　2013.10

苗村《なむら》神社の神橋———蒲生郡竜王町綾戸　2012.4
西本殿は国宝です

蜊《つぶ》江《え》神社のかがやき橋―――守山市笠原町　2012.3

下新川神社の石橋―――守山市幸津川町　2012.1

大庄屋諏訪家屋敷

——「石橋探偵のブログ」より

一日だけの公開の日に行ってきました。『大庄屋諏訪家屋敷』には庭園の石造りアーチ橋としては関西唯一の石の丸橋がありま

す。なぜ、石造りアーチ橋かと言いますと、屋敷の庭から舟が出ていたからです。水路を利用して物資を運んでいたと思われます。

大庄屋諏訪家屋敷庭園の石橋
———守山市赤野井町　2015.2

大庄屋諏訪家屋敷庭園の石の丸橋
———守山市赤野井町　2015.2

この水門から船が出入りしていました。奥は石造りアーチ橋

熊野神社の石橋――――守山市三宅町　2011.10

浮気《ふけ》住吉神社の石橋――――守山市浮気町　2012.3

錦織《きんしょく》寺《じ》玄関門の石橋———野洲市木部　2016.4

錦織寺御廟の石橋———野洲市木部　2016.4

錦織寺表門の石橋――――野洲市木部　2016.4

錦織寺三王権現の石橋――――野洲市木部　2016.4

吉地神社の石橋――野洲市吉地　2016.9

浅殿《あさどの》神社の石橋――野洲市比留田　2016.9

兵《ひょう》主《ず》大社の太鼓橋――――野洲市五条　2012.1

兵主大社庭園の石橋――――野洲市五条　2012.1

桑實寺《くわのみでら》弁財天の石橋――近江八幡市安土町桑実寺　2015.3

桑實寺参道の石橋――近江八幡市安土町桑実寺　2015.3

加茂神社の石橋———近江八幡市加茂町　2017.3

小田苅八幡宮の石橋———東近江市小田苅町　2016.11
斜め橋です

蛭子神社の石橋———東近江市柏木町　2016.9

平柳八幡社の石橋———東近江市平柳町　2012.8

石塔寺《いしどうじ》の石橋――――東近江市石塔町　2012.10

石塔寺は、石橋、山門、石橋、石仏が一直線に並んでいます。また境内の石塔、石仏に圧倒されます

「五個荘近江商人屋敷　藤井彦四郎邸」の石橋———東近江市宮荘町　2012.1

「五個荘近江商人屋敷　藤井彦四郎邸」庭園の石橋———東近江市宮荘町　2012.1
庭園は国登録有形文化財です

弘誓寺《ぐぜいじ》の石橋――――東近江市五個荘金堂町　2012.1

豊満《とよみつ》神社の石橋――――東近江市小倉町　2014.3
本殿への参道橋で周囲は田んぼです。たまたまお祭り神輿に出くわしました

熊原神社の参道橋——東近江市永源寺相谷町　2013.8

熊原神社の太鼓橋——東近江市永源寺相谷町　2013.8

永源寺の大歇《だいけつ》橋――――東近江市永源寺高野町　2015.5

日吉神社の神橋――――東近江市上平木町　2014.3
県下で２番目に古い石橋。本家の日吉大社の石橋より古い寛永16年(1639)架橋です

轉成《てんじょう》寺《じ》の石橋―――東近江市読合堂町　2014.11

五個荘苗村神社の石橋―――東近江市五個荘木流町　2016.9

押立神社の石橋―――東近江市北菩提寺町　2016.11

百済寺《ひゃくさいじ》弁財天の石橋―――東近江市百済寺町　2014.10

金剛輪寺名勝庭園の石橋――――愛知郡愛荘町松尾寺　2015.3

金剛輪寺本堂の磴道橋《とうどう》――――愛知郡愛荘町松尾寺　2015.3
本堂は国宝

大瀧《たいろう》神社の石橋────愛知郡愛荘町長野　2016.11

阿自岐《あじき》神社の石橋────犬上郡豊郷町西安食　2015.7

愛知《えち》神社庭園の石桁橋――――犬上郡豊郷町吉田　2012.6

愛知神社周辺には石橋が多く、庭園内にも複数の石橋があります

愛知神社庭園の石橋――――犬上郡豊郷町吉田　2012.6

愛知神社の石橋———犬上郡豊郷町吉田　2012.6

五十楼波宮《いそろうはぐう》弁財天の石橋———彦根市南川瀬町　2012.6
水路は弁財天を囲んだ堀になっています

多賀大社のそり橋———犬上郡多賀町多賀　2016.3
嘉永15年(1638)架橋で、滋賀県下の石の太鼓橋の中では一番古く、一番有名な石橋です。もとは秀吉が寄進した木橋でしたが、その後石橋となり『太閤橋』と呼んで親しまれています

多賀大社のそり橋の隣に架かっている石橋———犬上郡多賀町多賀　2016.3

岩脇《いおぎ》稲荷神社の石橋――米原市岩脇　2012.6

醒井《さめがい》加茂神社の石橋――米原市醒井　2014.3
梅花藻で有名な地蔵川に架かる斜め橋です

坂田神明宮の神橋———米原市宇賀野　2012.6
境内を線路が貫く珍しい神社です

坂田神明宮の神橋

——「石橋探偵のブログ」より

米原で一番大きい石の太鼓橋、『坂田神明宮神橋』へ行きました。坂田神明宮はＪＲ北陸本線の坂田駅から歩いてもすぐのところにあり、線路をはさんで、神橋や鳥居と本殿とが分かれています。神橋は、江戸時代架橋としかわかっていませんが、大きさといい、趣きといい滋賀県を代表する石橋です。立入禁止ではないので、けがをしない程度に渡ってみてください。また、神橋の隣にある庶民が渡る石橋も立派なので、注目してください。

坂田神明宮周辺は湧き水が出て、手水鉢も絶え間なく水があふれています。周辺は川を利用した遊歩道があり、散策することができます。

大原観音寺の石橋————米原市朝日　2016.10

圓徳寺《えんとくじ》の石橋————米原市野一色　2016.3

八相宮の石橋———米原市大野木　2014.9

日吉神社の太鼓橋———長浜市石田町　2012.11

宮部神社の石橋――――長浜市宮部町　2016.9

上許曽《かみこそ》神社の太鼓橋――――長浜市高山町　2013.10

黒田神社の太鼓橋———長浜市木之本町黒田　2012.11

熊岡神社の石橋———長浜市常喜町　2016.10

意冨布良神社の太鼓橋――――長浜市木之本町木之本　2013.8

意《お》冨《ほ》布《ふ》良《ら》神社の太鼓橋

――「石橋探偵のブログ」より

長浜市木之本町木之本の『意冨布良神社』。時として漢字も忘れてしまいそうなこの神社「おほふらじんじゃ」。なかなか読めないのですが、滋賀県の代表的な太鼓橋があるので行ってきました。JR北陸本線の木ノ本駅を降りると「黒田家発祥地」ののぼりがずらり。「サラダパン」というたくさんのマヨネーズあえをはさんだパンや水あめを売っているお店の前には有名な『木之本地蔵』があります。

そこを入らずに、左手から車がかろうじて通れる道を上がると、大きな石の太鼓橋が見えます。大正14年（1925）に完成した太鼓橋で、米原市宇賀野の『坂田神明宮』の太鼓橋を大きくした形です。格式ある神社の中には、今も時間の狂っていない時計があり、神社の本殿の隣りには『田神山観音寺』があり、鐘突き堂があります。池にはたくさんの魚がいて、小さな滝もあり、けっこう楽しめました。

長浜八幡宮の太鼓橋――長浜市宮前町　2016.9

神明神社の石橋――長浜市神照町　2014.3

舎那院の千代橋———長浜市宮前町　2016.9

大通寺庭園の石橋———長浜市元浜町　2016.9

朝日山神社の石橋――――長浜市湖北町山本　2016.9

円福寺の石橋――――長浜市木之本町飯浦　2016.9

加茂神社の石橋————高島市安曇川町四津川　2014.3

加茂神社の石橋

——「石橋探偵のブログ」より

　車で四津川地区を探すのですが、道の入り組んでいるところで、あわてると通り過ぎてしまう所にありました。その中に加茂神社があり、石橋は道路の真ん中に居座っていて、車を降りてみると、道路が石橋を包むように迂回していました。こういう場合、少しでも短い距離で早く通行しようと考える自治体は、石橋を撤去して真っ直ぐな道路を造ろうとするものですが、迂回させて参道の石橋を「渡る橋プラス見せる橋」にしたことをうれしく思いました。

　しかも石橋は斜めに架かっているため、ねじれたように石が組んであり面白かったです。周辺も整備され、川の堤防の中にきれいな花のプランターがあったり、透き通った水の中には梅花藻《ばいかも》のような水草がなびいていました。私にとって写真以上のうれしい一枚となりました。

正傳寺庭園の石橋——高島市新旭町旭　2014.3
周辺は暮らしに水を利用した「カバタ」で有名です

水尾《みお》神社庭園の石橋——高島市拝戸　2014.12

日吉神社の石橋―――高島市勝野　2015.3

日吉神社の石橋

――「石橋探偵のブログ」より

高島市に日吉神社はいくつかありますが、水の神様だけに随所に水路があり水が流れています。高島市勝野の日吉神社の水は水路をつたい地下トンネルをくぐり大溝の城下につながっていると聞いたので、この日吉神社に行きました。大きな神社で、絶えず水の音が聞こえ、石段を上ると拝殿の奥に横に長い石橋がありました。石橋は意外に大きく重みを感じました。

2 滋賀のマンポ

西野水道　長浜市高月町西野

「マンポ」とは

「マンポ」とは、トンネルを意味する方言です。滋賀県では南部を中心にむかしはトンネルのことを「マンポ」と呼んでいました。その代表が、「草津のマンポ」であり、湖南市の「吉永のマンポ」になります。トンネルといいましても道路に鉄道、農業用地下水路トンネルにいたるまで「マンポ」と呼んでいましたが、滋賀県でいいますと、天井川の下を通るための通路トンネルを「マンポ」と呼び、何箇所か現存しています。

ちなみに「トンネル」という言葉は戦後米軍の指示のもと使い出した言葉で、それまでは中国語からきた「隧道《ずいどう》」が使われていました。しかし「道路」という言葉も知らない庶民の間では、農業用地下水路トンネルの呼称である「マンポ」や「マンボ」という言い方をトンネルにも使いました。農業用地下水路トンネルのみならず、滋賀県では天井川の下をくぐるトンネルや鉄道のトンネル、線路を支える鉄道橋にも使われています。調べていきますと、甲賀《こうか》市の貴生川《きぶかわ》よりも琵琶湖寄りは「マンポ」、三重県寄りは「マンボ」と呼んでいるようです。

本書では農業用地下水路トンネルは後に回し、まず「隧道」「トンネル」としての「マンポ」を紹介していきます。

石造り・レンガ造りトンネルとしての「マンポ」

明治17年（1884）旧東海道の三雲《みくも》宿と石部《いしべ》宿の間（現在の滋賀県湖南市）に、日本で現存最古のすべて石積みでできている本格的な道路トンネル「大沙川隧道《おおすながわ》」が完成しました。それまでは天井川を渡るのに大変苦労をしていたのですが、住民の要望により、外国から技師を招き、石造りアーチ技術（すなわち石橋を造る技術）を使い、天井川をつぶすことのない隧道（トンネル）ができたのです。一説によると、当時の外国人技師が話していた言葉が、「マンポ」に聞こえ、地元では初めて完成したトンネルのことを「吉永のマンポ」と呼んだといわれています。滋賀県最古の道路トンネルであり、日本最古の総切石造りトンネル「大沙川隧道」はこうして誕生しました。そして2年後に完成した由良谷川《ゆらだにがわ》隧道を「夏見のマンポ」、家棟川《やのむねがわ》隧道（撤去）を「平松のマンポ」と呼び、この地域にしかない天井川の下をくぐるトンネル文化「マンポ」が生まれました。また大沙川隧道に隣接するJR草津線の「大砂川トンネル」は明治22年（1889）完成です。現役で一番古い鉄道トンネルの神奈川県横浜市の清水谷戸《しみずやと》トンネルが明治20年（1887）なので、かなり歴史のある明治のトンネルが滋賀県湖南市の旧東海道沿いに集中しているのです。

総切石造りのトンネルとして大沙川隧道は日本最古、2位は三重県津市・伊賀市間の長野隧道（崩落により不通）、3位が由良谷川隧道です。つまり現役では我が国最古が大沙川隧道、第2位が由良谷川隧道で、滋賀県に特徴的な天井川をくぐるトンネルとして、ともに土木学会近代土木遺産Aランクに指定されています。さらに大砂川トンネルは川の下をくぐる川底トンネルでは、現役として大沙川隧道、由良谷川隧道に次ぐ第3位の古さです。

草津線甲西駅から旧東海道に歩き、少し右に曲がったところに、天井川だった家棟川があります。その橋のたもとに、「家棟川」とい

大砂川トンネル

う扁額があり、昭和54年（１９７９）取り壊された「家棟川隧道」（平松のマンポ）があったことを示す説明板があります。そして気になる北島酒造の酒蔵を横目に、かつて天井川だった由良谷川の下を通る「由良谷川隧道」（夏見のマンポ）にたどりつきます。ここは明治19年（１８８６）に完成した当時のままの石造りトンネルが見られます。形がお椀のように丸いのが特徴です。そして、弘法杉のある大沙川へ。ここに滋賀県最古の道路トンネル「大沙川隧道」（吉永のマンポ）があります。この大沙川だけが現役の天井川です。健脚の方なら旧東海道の「マンポで漫歩」も一興です。特に桜の時期は最高です。

家棟川隧道（平松のマンポ）扁額

由良谷川隧道（夏見のマンポ）

大沙川隧道（吉永のマンポ）

発見「マンポ」の設計図と絵コンテ

平成24年（2012）2月、滋賀県庁県政史料室（現滋賀県立公文書館）にて「マンポ」を調査していただいたところ文献が見つかり、そこに由良谷川隧道（夏見のマンポ）の設計図と、設計図に基づいて描かれた絵コンテ（完成予想図）が出てきました。由良谷川隧道は、滋賀県湖南市の夏見地区と針地区にまたがる由良谷川（天井川）の下を通る明治19年（1886）3月20日に完成した、日本で3番目に古い総切石造りの石造りトンネルです。

私は当初、琵琶湖疏水記念館（京都市）に湖南市の隧道と琵琶湖疏水の設計者・田辺朔郎氏との関連を尋ねていたのですが、湖南市の大沙川隧道と由良谷川隧道は滋賀県の工事で、滋賀県庁に資料が残っていると指摘され、滋賀県庁の史料室に調べていただいたところ、由良谷川隧道の図面や絵コンテ、設計者、国との交渉内容などが出てきたのです。驚いたことに、由良谷川隧道は家棟川隧道（湖南市）、初代草津川隧道（草津市）と同日に完成し、しかも同じデザインだということもわかりました。

見せていただいた文献は、明治16年（1883）に滋賀県庁職員の高木秀平（石川県の士族の出）という土木技師によって描かれた設計図と、それに基づいて滋賀県が京都から絵師を呼んで描かせた絵コンテで大変貴重なものです。とりわけ完成予想図は土木の専門家や大学においても「このようなものは見たことが無い」と言われています。

設計図はトンネル本体を真円アーチに描いており、土木の世界でも珍しいものといえます。トンネルの形がまんまるに描かれ、地面の中まで石がアーチ状に積まれています。つまり長崎眼鏡橋と同じ石造りアーチの技術を取り入れているのです。現実には欠円アーチだと思うのですが、真円アーチがトンネルを

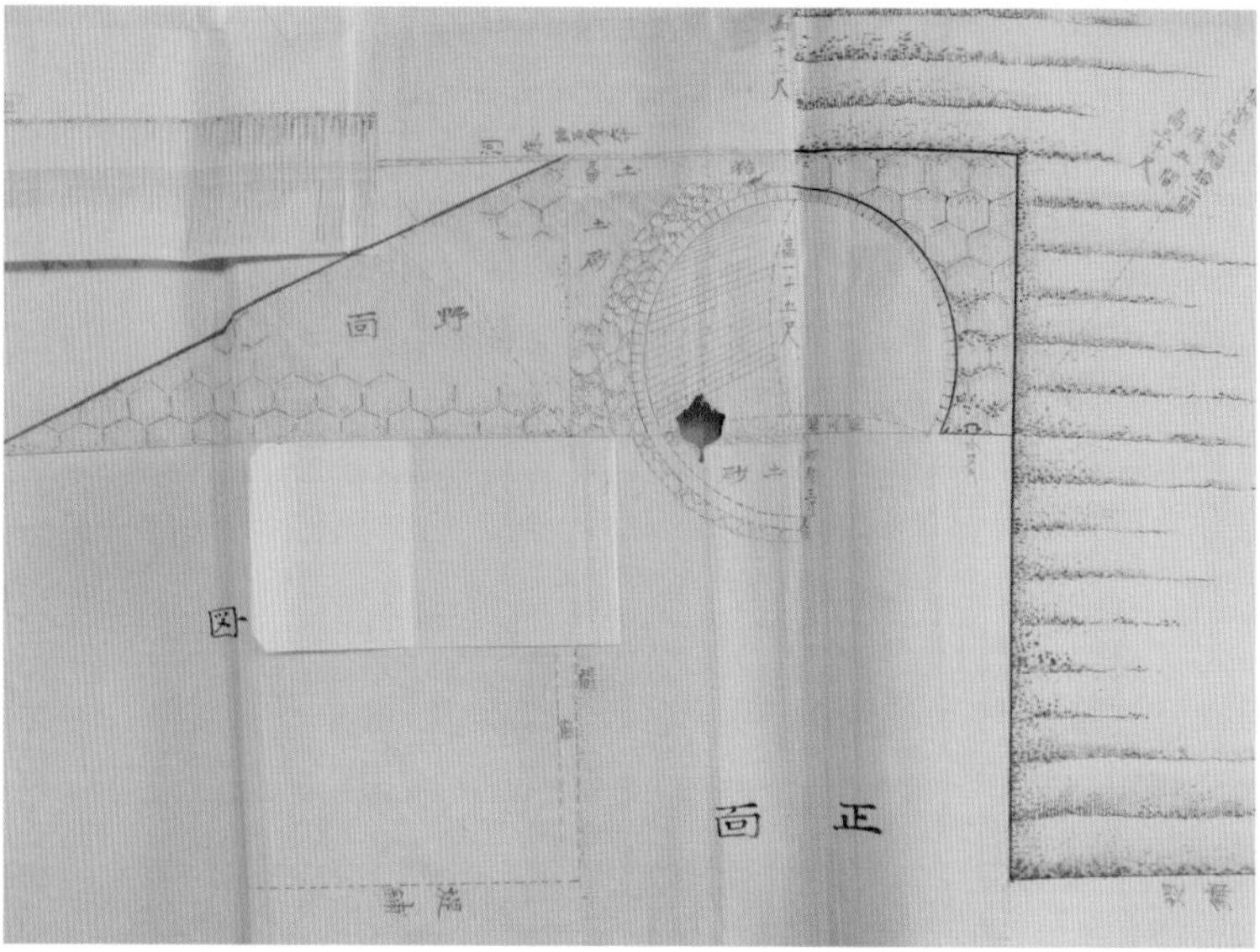

明な337(9)　滋賀県立公文書館所蔵

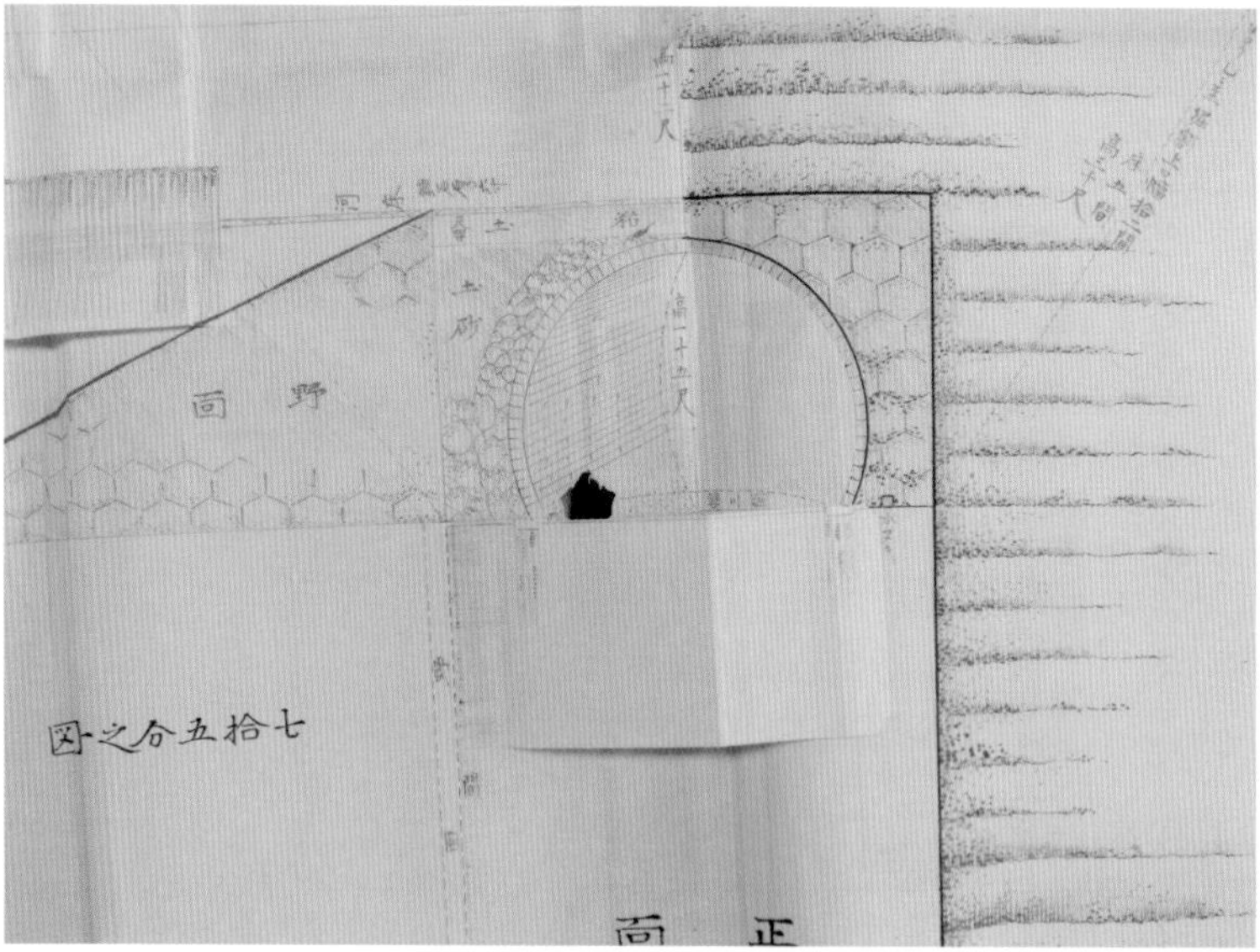

真円アーチの設計図の地面の下を隠す紙が貼ってあります
明な337(9)　滋賀県立公文書館所蔵

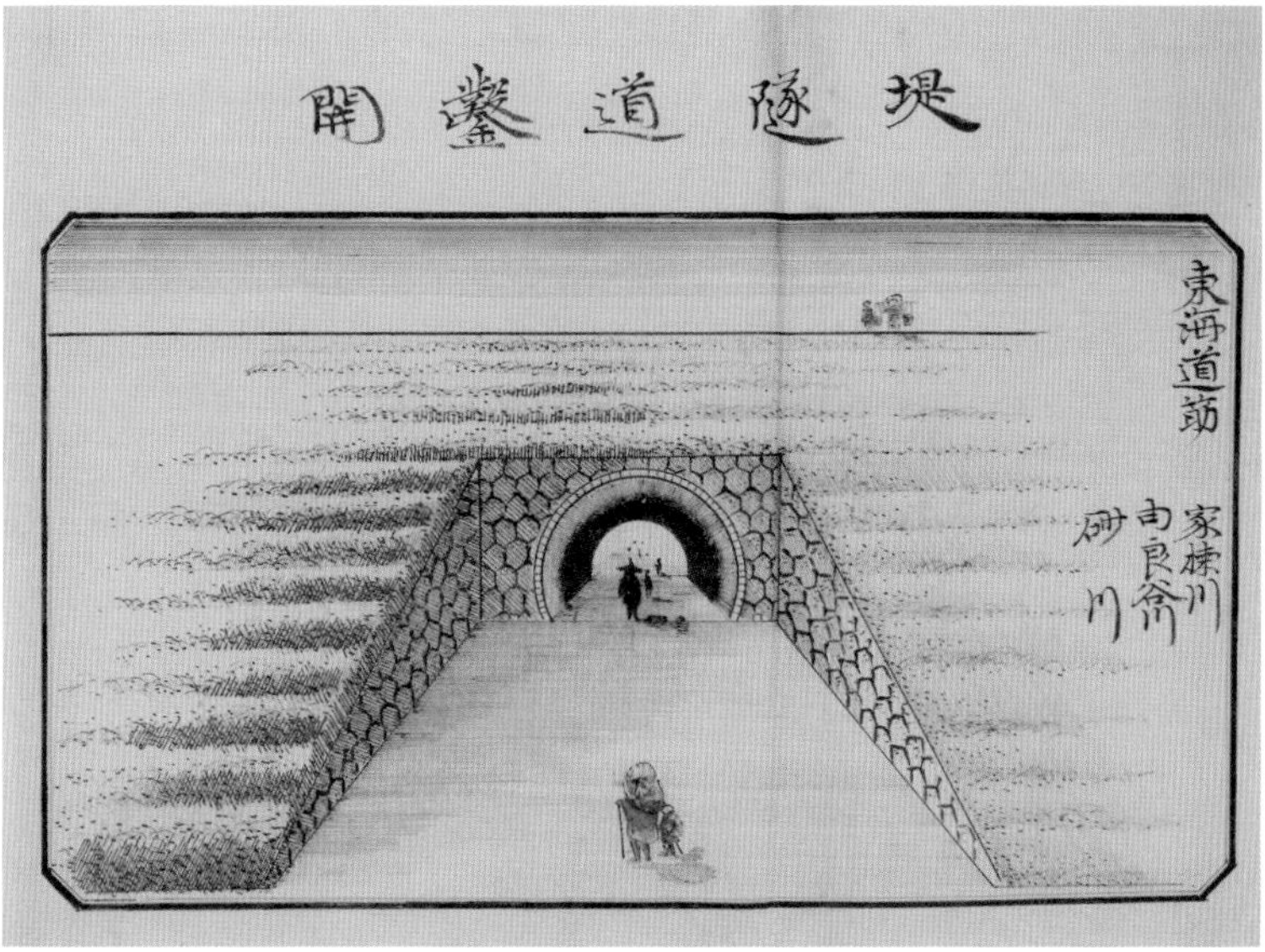

明な337(9)　滋賀県立公文書館所蔵

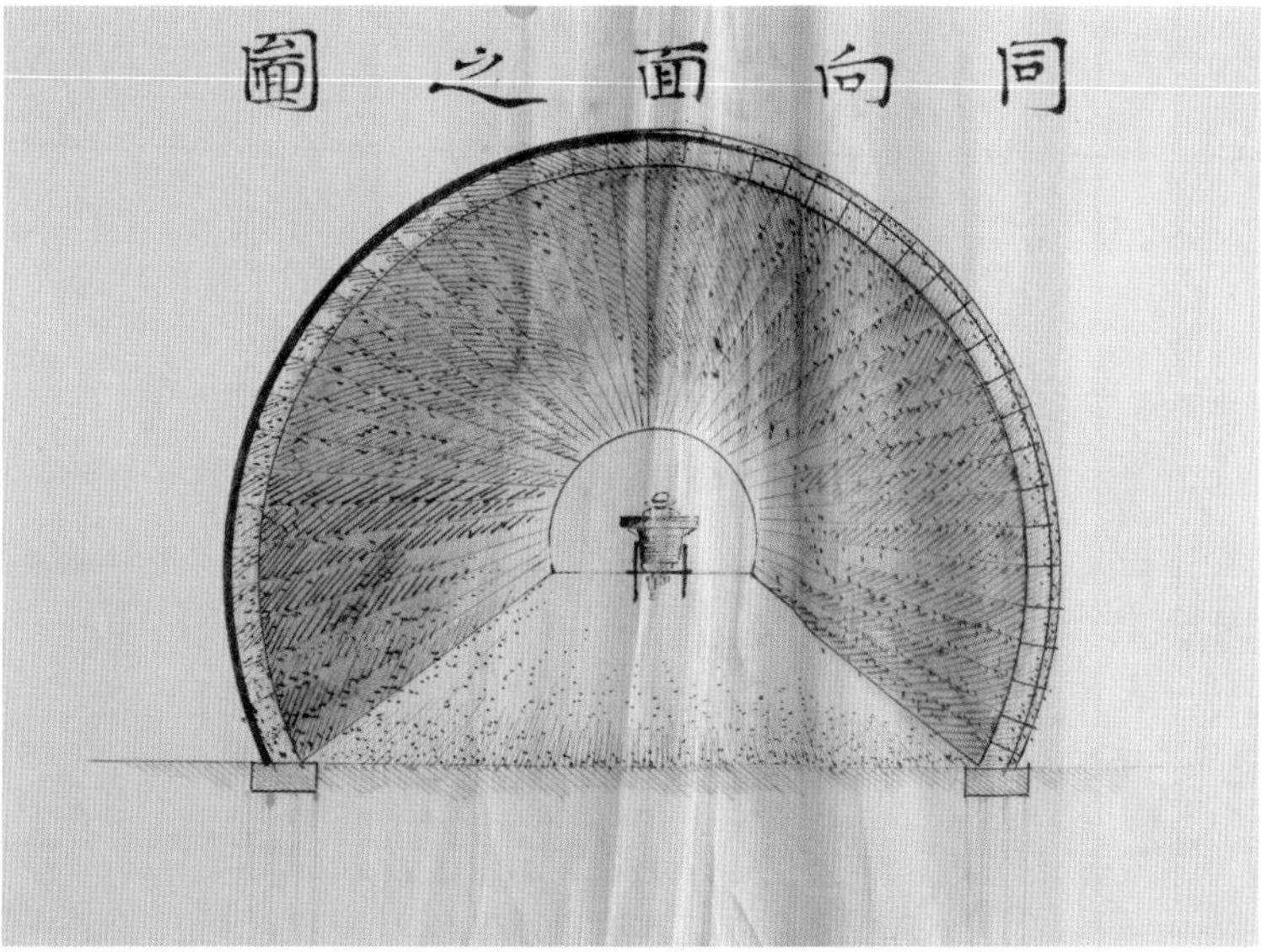

絵コンテ(完成予想図)からは当時の風俗もうかがえます
明な337(9)　滋賀県立公文書館所蔵

天井川の下を通るまんぽの完成予想図であることがわかります
明な337(14)　滋賀県立公文書館所蔵

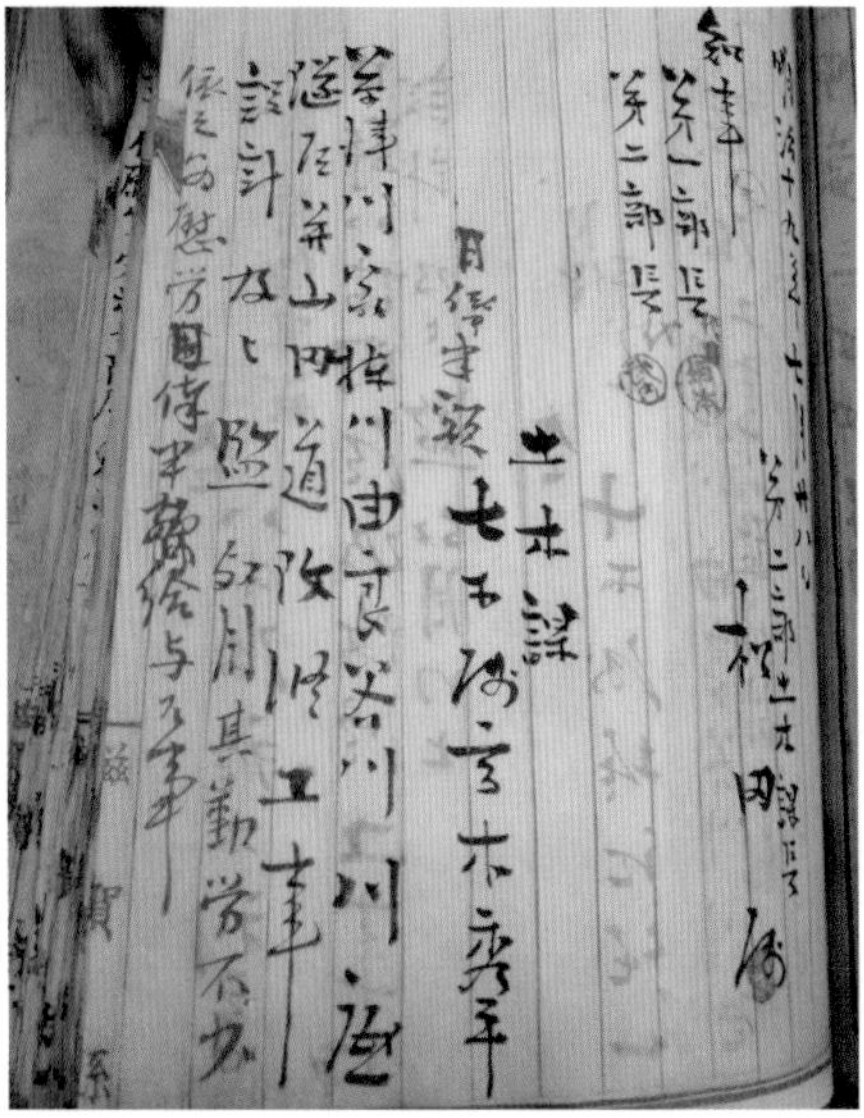

高木秀平の名が見えます
明え289(47-1)　滋賀県立公文書館所蔵

造る上で一番強固であることを知っていたのでしょう（真円アーチの構造物としては、京都の東山大谷本廟の入口にある「円通橋」が知られています）。また面白いことに、真円アーチの設計図の地面部分を隠す白い紙が貼ってあり、方向を変えると欠円アーチの図面に変わる仕掛けになっています。

絵コンテには隧道のほか、当時の通行人、人力車、天秤棒をかついだ人などが描かれ、明治初期の旅人の様子が描かれたものになっています。ゆえに、自動車のために造られたトンネルではないことを忘れないでほしいものです。

他の絵コンテには、親子連れが街道を歩く風景や天井川で天秤棒をかつぐ風景がみられます。そして、「東海道筋　家棟川　由良谷川　砂川」の文字が書いてあります。つまり、この絵コンテは、家棟川隧道（平松のマンポ）、由良谷川隧道（夏見のマンポ）、砂川＝草津川隧道（草津のマンポ）の三つのマンポの設計図にあたるのです。現在は由良谷川隧道（夏見のマンポ）しかありませんが、今はなき草津のマンポをも偲ぶことができるのです。

それでは滋賀の石造り・レンガ造りトンネルをおおむね南から北にめぐっていきましょう。

円通橋　京都市東山区大谷本廟

大鳥居水路橋———大津市上田上大鳥居町　2014.4
大正３年(1914)築造。関西で２番目に大きな石造りアーチ橋。発電所に水を送ります

郵　便　は　が　き

お手数ながら切手をお貼り下さい

5　2　2-0　0　0　4

滋賀県彦根市鳥居本町655-1

サンライズ出版 行

〒
■ご住所

■お名前《ふりがな》　■年齢　　歳　男・女

■お電話　■ご職業

■自費出版資料を	希望する ・ 希望しない
■図書目録の送付を	希望する ・ 希望しない

サンライズ出版では、お客様のご了解を得た上で、ご記入いただいた個人情報を、今後の出版企画の参考にさせていただくとともに、愛読者名簿に登録させていただいております。名簿は、当社の刊行物、企画、催しなどのご案内のために利用し、その他の目的では一切利用いたしません（上記業務の一部を外部に委託する場合があります）。

【個人情報の取り扱いおよび開示等に関するお問い合わせ先】
サンライズ出版 編集部　TEL.0749-22-0627

■愛読者名簿に登録してよろしいですか。　□はい　□いいえ

ご記入がないものは「いいえ」として扱わせていただきます。

愛読者カード

ご購読ありがとうございました。今後の出版企画の参考にさせていただきますので、ぜひご意見をお聞かせください。なお、お答えいただきましたデータは出版企画の資料以外には使用いたしません。

●書名

●お買い求めの書店名（所在地）

●本書をお求めになった動機に○印をお付けください。

1．書店でみて　2．広告をみて（新聞・雑誌名　　　　　　　　）

3．書評をみて（新聞・雑誌名　　　　　　　　）

4．新刊案内をみて　5．当社ホームページをみて

6．その他（　　　　　　　　）

●本書についてのご意見・ご感想

購入申込書　小社へ直接ご注文の際ご利用ください。
お買上 2,000 円以上は送料無料です。

書名　（　　　冊）

書名　（　　　冊）

書名　（　　　冊）

音羽台1号橋（ねじりマンポ）———大津市逢坂　2012.11

逢《おう》坂《さか》山《やま》隧道——「石橋探偵のブログ」より

　その読みから大阪にあると思う人も多いようですが、『逢坂山隧道』は滋賀と京都を結ぶ鉄道トンネルでした。現存の鉄道トンネルとしては日本最古ですが、京都大学地球物理学教室観測所として今は使われているそうです。しかし、入口はチェーンがかけられていて、本当に入っていいのか心配になります。通常説明板は建造物の手前に立てるものですが、ここは上り線と下り線のトンネルとトンネルの間にあり、トンネルの写真を撮る時の弊害になっています。隧道の建造物としてはかなり重厚で、紅葉真っ只中の『逢坂山トンネル』が撮れました。

　日本で初めて造られた鉄道トンネルは、明治4年（1871）の『石屋川隧道』（兵庫県神戸市）です。しかし大正8年（1919）鉄道の複々線化にともない消滅し、東海道線の『逢坂山隧道』が、現在見ることができる日本最古の鉄道トンネルとして紹介されています。

　現役のレンガ鉄道トンネルとしては明治20年（1887）完成の『清水《しみず》谷《や》戸《と》トンネル』（神奈川県横浜市）がありますが、大正時代にコンクリートトンネルになりました。明治4年完成の『石屋川隧道』は、石屋川（天井川）の下をくぐるレンガトンネルでした。現地に記念碑があり、当時の写真も掲げられています。

　なお「ポータル」とは入口のことで、「石ポータル」とは入口部分が石造りという意味です。

JR逢坂山隧道———大津市逢坂　2012.11
土木遺産Aランク。明治13年(1880)築造。石ポータルの鉄道トンネルでは現存最古。中はレンガ

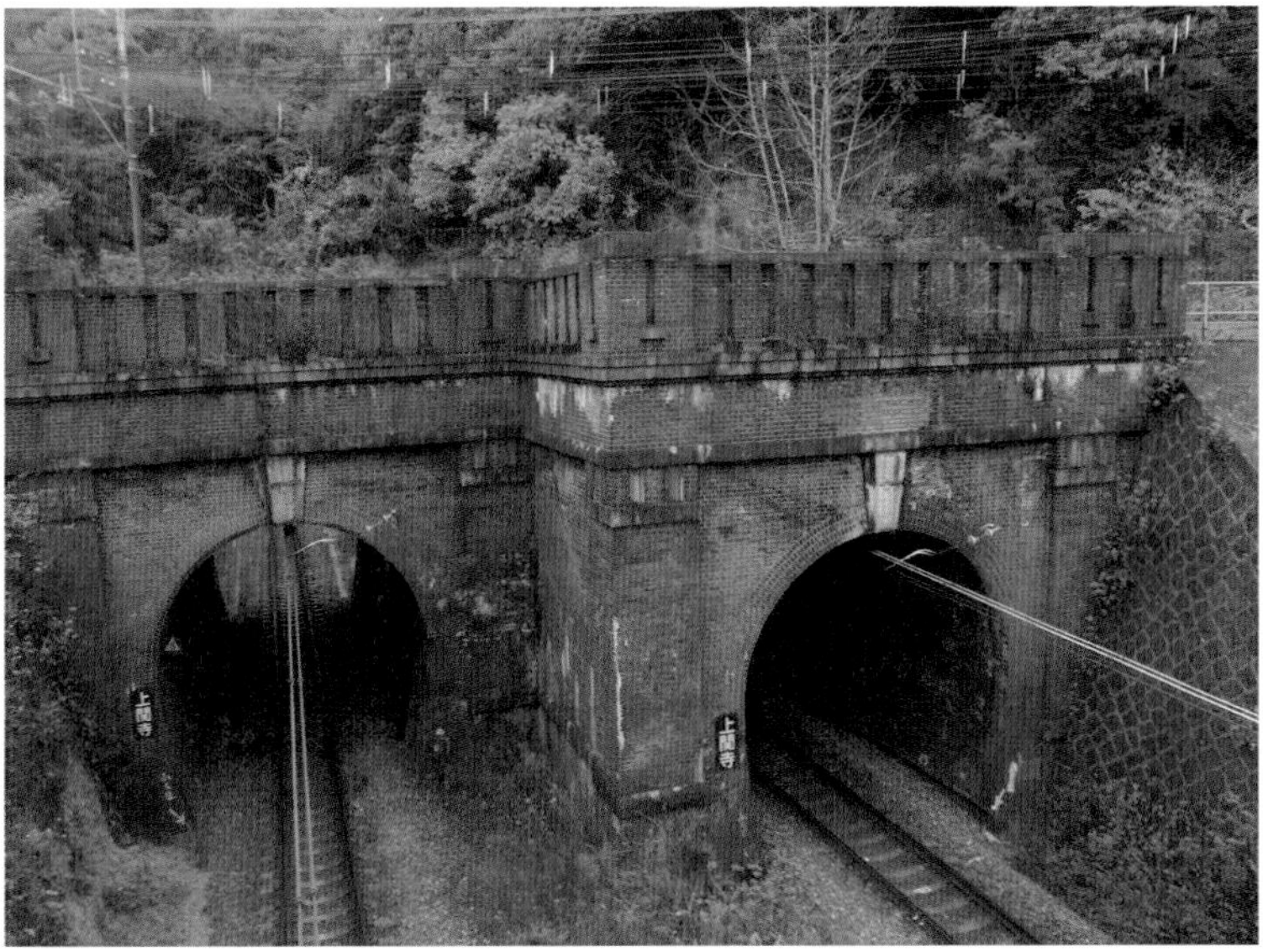

JR・京阪電鉄蝉丸跨線橋―――大津市逢坂　2012.11
大正10年(1192)築造。蝉丸跨線橋は上を京阪電車が、下をJRが通る、珍しい立体交差するレンガ構造物です。土木遺産Bランク

へつじ隧道(ヘツジマンボ)———甲賀市土山町青土　2017.4
昭和4年(1929)人力で隧道が開かれたが、現在は平成元年(1989)完成のコンクリートトンネル。その横の小さな素掘り水路トンネルがマンボかも

JR新道橋梁(かみのマンポ) 明治23年(1890)築造——甲賀市水口町高山 2011.10

JR国分橋梁(しものマンポ) 明治23年(1890)築造——甲賀市水口町高山 2011.10

JR御庄野橋梁———甲賀市水口町虫生野　2013.1

JR大砂川トンネル　明治22年(1889)築造———湖南市吉永　2012.12

由良谷川隧道（夏見のマンポ）――――湖南市夏見　2012.4

由良谷川隧道　明治19年（1886）３月築造――――湖南市夏見　2013.6

明治17年(1884)4月築造
———湖南市吉永　2013.6

大沙川———2013.10

大沙川隧道(吉永のマンポ)———湖南市吉永　2011.10

西洋化政策時代の石造りアーチ橋

滋賀県湖南市吉永の大沙川隧道《おおすながわずいどう》は、旧東海道にある明治17年（1884）に完成した日本最古の総切石造りのトンネルで、天井川が通る石造アーチの水路橋です（石造りアーチ橋としては滋賀県最古）。明治政府の西洋化政策により、外国から土木技師を呼んで、素掘りでない石造りの本格的な道路トンネルを、しかも天井川の下を通行させるために造らせました。その2年後、由良谷《ゆらだに》川と家棟《やのむね》川に総切石造りの隧道を造らせました。そして土木技術は京都の町へ琵琶湖の水を送るための「琵琶湖疏水」へと進化していきました。

この時代の石造りアーチ橋は九州ではあまり造られず、東京では全盛時代を迎えます。皇居正門石橋は関東大震災に耐え、千葉県の長尾橋は戦時中戦車が通っても問題なく、佐賀県の湯野田橋は今でも国道を支えています。残念なのは、平成5年（1993）の鹿児島大水害でも被害のなかった潮見橋（鹿児島市）や渡瀬橋（南さつま市）が河川改修を理由に撤去されたことです。

由良谷川隧道も現役の総切石造りのトンネルでは大沙川隧道についで日本で2番目の古さになりました。にもかかわらず保存状態が大変すばらしいトンネルでもあります。美しいアーチを描いています。トンネル（隧道）であれ石橋であれ、技術的に難しい石造りアーチ橋を、日本の西洋化政策の文化のはしりとして残していきたいものです。

琵琶湖疏水（京都市蹴上）

由良谷川隧道

JR狼川トンネル———草津市南笠東　2012.11

狼川トンネル——「石橋探偵のブログ」より

狼川《おおかみかわ》は滋賀県草津市を流れる天井川です。地名にひかれてさまよったことがありますが、その狼川とJR東海道線が交わるところに『狼川トンネル』があります。明治33年(1900)、湖東鉄道の時代に造られたレンガトンネルで、鉄道が川の上を通るようになって廃止されました。現存する「ねじりマンポ」の鉄道トンネルとしては、『狼川トンネル』しか残っていないということですが、土砂で埋没しそうな感じです。しかも中に入れないように雑草で道を閉ざしています。私も素直なので逆光でありながら、離れて『狼川トンネル』を撮影しました。レンガが細かくてたいへん美しいので、ぜひ保存をおすすめします。

「ねじりマンポ」とはトンネルが斜めにかかるなどのため、レンガ模様が斜めになっているマンポのことです。

JR里川橋梁———草津市渋川　2012.11

里川橋梁

——「石橋探偵のブログ」より

『渋川のマンポ』の撮影に向かいました。日本一背の低いトンネルとして興味はありましたが、駅の案内所でもわからず、交番で若いおまわりさんに教えてもらいましたが、ありませんでした。そこで住民の方に、ある人を教えていただき訪ねると、すでにレンガトンネルはなく、ボックスカルバート（箱型のコンクリート構造物）になっていました。その人は昔の風景を絵にされて、それを屏風にしていました。渋川の昔の風景の中に、三か所レンガトンネルが描かれてありました。ひとつは『渋川のマンポ』で、ひとつは用水路のトンネルでしたが、今はありませんでした。そしてもうひとつはＪＲ東海道本線の下を通行するためのレンガトンネルでした。中山道にあるこのレンガトンネルは存在しましたが、全面、白ペンキです。ＪＲ西日本に尋ねたところ「なぜ塗ったかはわからない」という返事でしたが、マンポの名前は『里川橋梁』だそうです。

近江鉄道清水山トンネル　明治33年(1900)築造――蒲生郡日野町別所　2012.11

JR伊勢道川橋梁(ミツマンポ)――守山市吉身町　2013.1

JR野洲四ツ家架道橋————野洲市野洲　2012.11

JR市三宅田川橋梁————野洲市野洲　2012.11
田んぼのための用水路です。ねじりマンポになっています

不二瀧石門———近江八幡市長福寺町　2014.4
もともとは橋上を水が通る水路橋でした。明治40年(1907)に造られ、今は不二瀧へと上っていく入口です

佐和山隧道——「石橋探偵のブログ」より

滋賀県彦根市の『佐和山隧道』へ行ってきました。そう、石田三成の居城「佐和山城」のふもとにありますが、佐和山城跡へのハイキングコースでは行けません。どちらかといえば、知る人ぞ知る「佐和山遊園」（撤去）の道路向かいから佐和山に向けて登って行くのですが、現在の佐和山トンネルの上の方にあると考えます。しかし道は濡れていて、今回の隧道探索で初めて長靴をはきました。草の生えた道を捨てられた車を横目に行くと、ものの5分ぐらいで着いた気がしました。大正12年（1923）完成のレンガトンネルで、滋賀県の隧道設計では有名な『村田鶴』氏の設計です。現在は廃トンネルで地面が柔らかく普通の靴では行けません。はっきり言って、この手の道はごめんです。

「佐和山遊園」には、この日も佐和山城と間違って大阪から来られたご夫婦が見学していました。

佐和山隧道———彦根市古沢町　2012.12
レンガと石のポータル。中はレンガ

JR服部町2連橋梁———彦根市服部町　2013.1

米原地下通路———JR米原駅　2016.9
昭和30年(1955)完成。石積みがきれいに残っています。役所に尋ねたところ、駅周辺のお年寄りに聞いていただき、「マンポ」と呼んでいたことがわかりました

大野木のマンボ

——「石橋探偵のブログ」より

米原市柏原から春照《すいじょう》に行く途中に大野木公民館があります。そこに大野木ワンダーランドマップという地図の看板があり、「明治の遺構　マンボ」が記載されています。今までトライはしたのですが、草だらけで道がない状態だったので、すぐあきらめていました。県道が整備され、少し無理したら見えるようになりました。本当は川に入ればバッチリなのでしょうが、無理はできないので、ここまでです。旧東海道線のレンガ橋が『大野木のマンボ』で、国道と県道が政所川と交差する所の2か所にあります。要するに鉄道橋であり、農業用地下水路トンネルでもある「マンボ」なのです。

国道側のアーチ部分

県道側

旧東海道線政所川橋梁(大野木のマンボ)———米原市大野木　2016.4

JR前河原橋梁――――米原市飯　2012.11
明治22年(1889)完成のレンガ造り３連アーチ橋です

観音坂隧道(廃道)　昭和８年(1933)築造――――長浜市石田町・米原市朝日　2012.11

賤ヶ岳隧道　昭和２年(1927)築造――長浜市木之本町大音・山梨子　2012.12

横山隧道(廃道)　大正12年(1923)築造――長浜市鳥羽上町・米原市菅江　2012.11

柳ヶ瀬隧道　明治17年(1884)築造――長浜市余呉町椿坂・福井県敦賀市刀根　2012.11

谷坂隧道　昭和10年(1935)築造――長浜市小室町・郷野町　2012.11

百《もも》瀬《せ》川《がわ》隧道

——「石橋探偵のブログ」より

百瀬川隧道———高島市マキノ町沢　2012.11

滋賀県高島市マキノ町に大正14年（1925）完成した『百瀬川隧道』というコンクリートの天井川（百瀬川）をくぐるトンネルがあります。滋賀県の現役の道路トンネルで、天井川をくぐるトンネルは、湖南市の『大沙川《おおすながわ》隧道』、『由良谷川《ゆらだにがわ》隧道』と高島市の『百瀬川隧道』のみとなりました。そして、『百瀬川隧道』も撤去の危機にあいました。時はバブル、何をしてもお客が集まる時代、観光バスが通れないのを理由に、『百瀬川隧道』を撤去しようとする話が出ました。この隧道を通り過ぎるとマキノ高原があります。しかし、バブルは崩壊し、隧道は生き残りました。百瀬川にはなみなみと水が流れています。そして隧道の横には、小さな歩道用の隧道があります。コンクリート造りですが、あえて掲載しました。

※２０２２年10月撤去

歩道の中

地震と石造りトンネル、石橋

地元の新聞の震災特集で、天井川の耐震性を疑問視する記事が掲載されました。その写真に私が守ろうとしている天井川の下を通るための石造りトンネルの写真が使われました。周囲の人からは、決して石造りトンネルが地震によって危ないというようなことは書いていない、と言われましたが、それなら石造りトンネルの写真は使ってほしくなかったです。むしろ私がマスコミに言いたいのは、耐震の強度うんぬんより、現実に東日本大震災や阪神・淡路大震災を経験しているわけなのですから、その現場で自分の目で見て自分の耳で話を聞いてから、地元に持ち帰れと言いたいです。天井川のことでも、阪神・淡路大震災で揺れた西宮から神戸にかけていくつも天井川があるのですから、どうだったのか確認してから記事にしてもらいたいものです。地震体験のない有識者の意見を聞くだけでなく、実際に経験した市民感覚を加える必要があると思います。

天井川の下を通るための石造りトンネルは、石造りアーチ橋を造る工法でできています。表面に見える壁石の中には、裏込石や土砂を入れ、弾力性を持たせていますので、地震に対しては強いといえます。兵庫県南あわじ市の賀集《がしゅう》八幡《やはた》にある移設された『八幡橋』という石造りアーチ橋は、欄干は崩れましたが、本体はビクともしませんでした。東北の石造りアーチ橋も崩壊したという連絡はありません。危ないという報道をする前に、大丈夫だった石橋の話を記事にしてほしいものです。

「マンポ」の語源

農業用地下水路トンネルとしてのマンポに移る前に、マンポの呼びかたについての私なりの考えを述べたいと思います。

「マンポ」の語源の定説は、鉱山の坑道を意味する「間歩（間府）」（マブ）といわれています。「マンボ」の語源も、山陽地域や四国で使われている「マンプ」も同様に「間歩」が語源というのが定説です。

しかし、どうでしょうか。新潟県の十日町市周辺では、「マブ」という農業用地下水路トンネルがあります。そして「洞門」と呼ばれる十日町の農業用地下水路トンネルは江戸時代初期にできたものとされています。十日町の農家の人は「マブ」は、鉱山の「間歩」ではないと言います。つまり、「マブ」と言われる農業用地下水路トンネルは江戸時代初期にあり、「マンボ」「マンポ」の語源は農業用地下水路トンネルの「マブ」かもしれないということです。定説はたまたま石見《いわみ》銀山の間歩が資料として一番古かったからそうなっただけなのではありませんか。これからの研究課題となりましょう。

また、外国人技師が工事中話していた「マンホール」が日本人には「マンポ」に聞こえたという説もあります。ヨーロッパの技師によってもたらされた「ねじりマンポ」はほかの言い方がないことを考えると、旧東海道の隧道築造で用いられた「マンポ」が各地に変化しつつ広がったのかもしれません。真実はいかにです。

興味のある方のために国語辞典の解説と、私の現地での聞き取り（フィールドワーク）をもとにした結果を次に載せます。マンポの旅は言葉の旅でもあります。

辞典でみる「マンポ」 ——＊関連箇所のみ抜粋

◎小学館『日本国語大辞典』第二版より

まぶ【間府・間分・間歩】（名）❶鉱山の穴。鉱石を採るために掘った横穴。鉱坑《こうこう》。坑道。❷略 方言 ❶鉱山の鉱坑。新潟県佐渡 岐阜県飛騨 島根県 山口県 福岡県 佐賀県藤津郡 長崎県北松浦郡（中流以下） 熊本県下益城郡 ❷トンネル。隧道《すいどう》。山形県 島根県簸川郡 ◇まんぶ 山形県 奈良県生駒郡 島根県出雲 ◇まんぷ 福井県 京都府竹野郡 ❸山腹やがけなどにあいている横穴。洞穴。山形県庄内 島根県 広島県 双三郡 比婆郡 熊本県玉名郡 ◇まぷ 京都府竹野郡 ❹水源の水穴。島根県大原郡・能義郡

まんぼ（名）（「まぶ（間府）」の変化した語）古い鉱山用語の「まぶ」が転じて、トンネル、横井戸など、主として人間が掘った横穴をいう。方言 ❶トンネル。隧道《すいどう》。山形県最上郡・西田川郡 新潟県岩船郡 中頸城郡 静岡県 愛知県北設楽郡 三重県 滋賀県彦根 京都府 ◇まんぽ 石川県江沼郡 福井県 滋賀県栗太郡 ◇まんぼお 富山県東礪波郡 長野県東筑摩郡 静岡県 志太郡 愛知県豊橋市 三重県飯南郡 滋賀県蒲生郡 京都府 奈良県吉野郡 ◇まんぽお 富山県砺波 福井県遠敷郡 ◇まんぼり 奈良県宇陀郡 ❷山腹やがけなどにあいている横穴。洞穴。三重県伊賀 ◇まんぽ 兵庫県加古郡 ◇まんぼお 静岡県安倍郡

◎三省堂『大辞林』第四版より

まぶ［間歩］鉱山の坑道。鋪《しき》。まんぼ。

まんぼ（坑道を意味する「間符《まぶ》」に由来するものか）三重県鈴鹿市の内部川《うつべ》扇状地や岐阜県垂井《たるい》町の扇状地で灌漑に用いた、地下水の集水トンネル。規模は小さいが、カナートに類似する。

「マンポ」の呼び方

——＊著者の調査・聞き取りによる

【天井川の下をくぐるトンネル、鉄道橋、トンネル】

マンポ　滋賀県草津市、滋賀県守山市、滋賀県野洲市、滋賀県湖南市、滋賀県甲賀市、岐阜県池田町

マンボ　京都府京田辺市、京都府木津川市、岐阜県瑞穂市、岐阜県大垣市、大阪府島本町

マンプ　愛媛県別子町、福井県南越前町、兵庫県猪名川町

マンボウ　兵庫県西宮市

穴門　兵庫県明石市、岡山県備前市

丸マタ　大阪府吹田市、大阪府茨木市

【農業用地下水路トンネル】

マンポ　滋賀県長浜市、石川県七尾市、石川県穴水町、京都府長岡京市

マンボ　三重県いなべ市、三重県菰野町、三重県四日市市、三重県鈴鹿市、三重県亀山市、岐阜県垂井町、岐阜県関ケ原町、愛知県武豊町、愛知県美浜町、奈良県御所市、滋賀県日野町、滋賀県東近江市、滋賀県米原市、滋賀県甲賀市、山形県朝日村、兵庫県稲美町、兵庫県加古川市

マンプ　岡山県美作市、滋賀県高島市、兵庫県丹波市

マブ　新潟県十日町市

横井戸　長野県伊那市、長野県南箕輪村、新潟県佐渡市、群馬県昭和村

掘抜　山梨県河口湖町

仰西渠　愛媛県久万高原町

穴堰　宮城県大崎市

コグリ　熊本県天草市

ホーダツ　石川県七尾市

ガマ　大阪府能勢町、岐阜県大垣市

ショウズヌキ　滋賀県大津市

ガニセ　長野県千曲市

農業用地下水路トンネルとしての「マンポ」

日本各地で江戸時代あたりから、庄屋など民間人が私財を投じ、水の出ない土地に水を送る地下水路トンネルが住民の手によって掘られてきました。当時、トンネルや隧道などという言葉を知らない人々は、「マンポ」「マンボ」「マンプ」「マンボウ」「マブ」などと呼んでいました。

鈴鹿山麓など丘陵にある扇状地といわれる土地では川から水を引くことも難しく、住民は水のない土地に苦しめられていました。中には村を捨てるという選択肢もありましたが、三重県や岐阜県を中心に、水の出る山奥から素掘りトンネルで水を引き、人工の池にためて農業用水として利用する「マンボ」（農業用地下水路トンネル）が造られるようになりました。そこには住民たち総出で素掘りトンネルを掘り水路を造らねば餓死するしかないという過酷な現実がありました。「マンボ」は川の水と異なり伏流水などととてもきれいな水が使われていたため、おいしいお米を生みました。

現在でも利用されている「マンボ」で特に有名なのは三重県いなべ市の『片樋《かたひ》まんぼ』で、駐車場も設置され、「まんぼまつり」が毎年行われています。また、新潟県の十日町市周辺では江戸時代初期から「マブ」といわれる大きな地下水路トンネルがあります。山梨県の河口湖には『新倉掘抜史跡館』があり、地下水路トンネル「堀抜」を見ることができます。しかし、農業機械の普及で、その振動により地下水路は埋没しつつあるのが現状で、姨捨《おばすて》棚田の「がにせ」（長野県千曲市）、長谷棚田の「がま」（大阪府能勢町）などはもう最後のひとつになろうとしています。現状は厳しく、役場に行ってもトンネル自体の情報を知る人はほとんどおらず、地元で数名いる程度です。ましてや「マンポ」「マンボ」を知るお役人はいない。石川県七尾市には『舟尾川のマンポ』という地下水路トンネルがあります。ここは世界農業遺産に選ばれていますが、現地で目視できないためか、二度目に訪れたときには説明板もなくなっていました。しかし、川の中に入れば驚くほどすごい「面白い」が待っています。もうひとつ、兵庫県新温泉町浜坂の町役場の農林課の人たちと探しに行った『小西いで』という地下水路トンネルです。ここは素掘りというより、石造りの水路のようですが、撮影できないほど水量がすごく多いのです。そして水量が多いのでとても水がきれいなのです。

マンポの旅を通して感じたことは、地元の農民は「マンポ」という農業用地下水路の文化を自慢しているということです。川から引く水で稲を作るより、新鮮な水で作るマンポの稲を自慢します。たかが水ではなく、水は生きているものだということを忘れてはいけません。地域によって呼び方の違いはありますが、考えることは同じであり、「生きる」ということにつながると私は思いました。実は私の地元でもマンポがあることがわかりました。ところがふたがしてあったり、草で見えなかったりするそうです。きっとまだまだマンポはあるのでしょう。「マンポの世界」は未知です。場所を教えられても発見できない難しい旅の連続です。

「マンポ」の価値、すばらしさを知ってほしい。特に、農業用地下水路トンネルは人々の命を守り田んぼの文化を切り開いたという歴史があります。今もなおおいしいお米を誇れるのはその歴史のおかげです。ぜひとも若い人にも伝えていきたい、それが私の願いです。

それでは滋賀県内の農業用地下水路トンネルの紹介を始めます。

シヨウズヌキ―――大津市木戸　2013.3
地蔵の下がショウズヌキ。穴が小さいのでわかりません

「ショウズヌキ」と「マンポ」——「石橋探偵のブログ」より

昭和44年（1969）まで滋賀県の湖西、浜大津—今津を走っていた江若《こうじゃく》鉄道には、木戸川隧道と大谷川隧道というふたつの天井川をくぐる鉄道トンネルがありました。コンクリート製で、地元では「マンポ」と呼ばれていたそうです。そしてその近くに「ショウズヌキ」があります。

琵琶湖大橋を渡り、車で「ショウズヌキ」を探しました。「ショウズヌキ」とは、田んぼの水が多い時、水量を調節するため、穴を掘り、水路に流し、最終、琵琶湖へ流れるものなのです。はっきり言って、肉眼で「ショウズヌキ」とはわかりません。ただただ穴太衆積みの石垣がきれいで、高さはないけれど棚田のような美しい場所だというのがわかりました。たまたま尋ねた農家の人のところに、「ショウズヌキ」がありました（前ページ参照）。「大学からもよく来られ、年に数回温度を測りにくる人もおられる」という話です。本当に見た目では「ショウズヌキ」はわからず、農家の人も「どこに穴があるかわからない」ということでした。それでも田んぼから水路へ地下からわきでた水のごとく、水が流れ、小魚が集まっていました。

「マンポ」は水がないため、水があるところから引いた地下水路。「ショウズヌキ」は、水がありすぎるので琵琶湖に流すための地下水路です。

上平寺マンポ跡説明板
————米原市上平寺　2014.9
分水嶺の地下にマンポ跡がある

井之口のマンポ————米原市井之口　2016.3
分水工のそばに眼鏡橋のような古い取水口。これはマンポなのだろうか

金平《きんぺい》マンボ――――東近江市黄和田町　2013.12
山中の水路

金平マンボ――――東近江市黄和田町　2013.12
神崎橋付近の出口はコンクリートだが中は石積みのよう

山根底《そこ》樋《ひ》——「石橋探偵のブログ」より

滋賀県長浜市東上坂の『山根底樋』を5度目の挑戦で見つけました。国道横の農道の終着点のわかりやすい場所に『山根底樋』はありました。

郷土誌によると底樋とは「川底に大きい溝を掘り、その中に松の丸太を組み、石を積み重ねてうずめてしまいます。川底をくぐった水が、この石や丸太のすき間を流れるしくみです」と書かれてあるのですが、私には理解できません。

『山根底樋』は、竜ヶ鼻の山根にある水路トンネルで、江戸中期に完成したといわれます。現在のようにレンガに改修されたのは明治12年（1879）です。中は歩けるようにコンクリートの歩道のようなものがありました。実に美しいレンガトンネルです。

山根底樋——長浜市東上坂町　2016.12

西野水道―――長浜市高月町西野　2012.12

西野水道——長浜市高月町西野　２０１２・12

土地の低い西野地区は大雨のたびに川が氾濫し、大きな被害にあいました。それを防ぐため、住民が中心となって、浸水する水を琵琶湖に流す『西野水道』を天保11年（１８４０）から5年をかけて掘りました。その後、昭和25年（１９５０）に2代目が、そして昭和60年（１９８５）に3代目の『西野トンネル』が完成し、村や田畑を守れる暮らしができました

稲山隧洞―――高島市マキノ町森西　2015.5

明護《みょうご》隧道(明護のマンプ)———高島市朽木市場　2013,11
上から見ると隧道の屋根があいていました

稲山隧洞と明《みょう》護《ご》隧道——「石橋探偵のブログ」より

動物除けの柵から中に入ります。気の弱い人はここでアウト。右手には熊を捕獲するための檻、そこで足がすくみます。そして道しるべの「稲山隧道」方面に進みますが、前回はここでアウト。その理由は道がなかったからです。地元の奥さんも、案内する人を紹介すると言われましたが、留守でした。入口にはきれいな案内板があり、『稲山隧洞』と『田屋城跡』の説明板になっています。しかし、この案内通りには行けませんでした。

そして今回は、『大處神社』をポイント地点とし、そこから山に向かい登り口へ。ここに案内板があります。道しるべの方角に、道らしき形跡があり、草のすきまを歩きました。しかし、わからないので川の中を歩きました。それでも、隧道らしきものがなく、歩きやすい山の中を川に沿って進みました。案内板では、川の右に道がありましたが、川をまたぎ左にあると感じ、何度も帰ろうと思いましたが、無事、石積みの『稲山隧洞』にたどり着きました。『稲山隧洞』は、水利の悪い滋賀県高島市マキノ町森西地区に水を供給するために、明治33年（1900）に完成した農業用地下水路トンネルで、現在も森西地区に水を供給しているそうです。

『明護隧道』は農業用の隧道で、山に沿って大回りをしていた水路を直線化する素掘り工事は町歩《ちょうぶ》の耕地整理とともに明治29年（1896）から大正4年（1915）までかかった工事でした。朽木は棚田で、この隧道により水の安定供給が可能となり、水田の生産能力が大幅に伸びました。

そして『明護隧道』をどう呼んでいるのか尋ねました。60代の人は「知らない」、90歳ぐらいのおじいちゃんは「マンボ」でしたが、国の登録文化財『丸八百貨店』で伺うと「マンプ」で間違いないということで、『明護隧道』は「マンプ」と信じます。ちなみに一山越えた福井のレンガトンネル『春日野隧道』は地元で『春日野マンプ』と呼ばれています。

3 県外の農業用地下水路トンネル

大白倉のマブ　新潟県十日町市仙田

編者より

前章では滋賀県内の農業用地下水路トンネルを六か所紹介しました。

本書のタイトルは『滋賀の石橋とマンポ』ではありますが、ここからは滋賀県以外のものも紹介したいと思います。というのは著者の森野秀三（編者の弟）は、石橋や隧道とともにこの農業用地下水路トンネルについても、情報を得ては全国に写真を撮りに行っていました。それぞれの地元では保存・研究を目的として記念館などが建てられたり、研究会・語り継ぐ会などが結成されたりして盛んに研究している場合もありますが、全国各地の農業用地下水路トンネルを網羅的に研究されている専門の方は極めて少ないようです。弟はアマチュア写真家であり研究者でも専門家でもありませんが、全国を巡り写真に収め、地元の方々に聞き取りをするフィールドワークを信条としていました。その成果がいくらかでも研究の伸展に役立つことを願い、「県外の農業用地下水路トンネル」という章を設けて、様々な手掘りの農業用地下水路トンネルがあることをお伝えしたいと思います。

もちろんこれから紹介する以外にも農業用地下水路トンネルは様々なところで今なお活躍していることでしょう（実際探しに行ってもはっきり確認できず、宿題のままに終わってしまったところもいくつかあります）。もしも弟が病を抱えてさえいなければ、未知の「マンポ」を探す旅を続けていたことと思います。生前弟が巡ることのできた農業用地下水路トンネル（マンポ）に限られてはいますが、興味を持っていただければ幸いです。おおむね南から北へと紹介していきます。

仰西渠《こうさいきょ》―――愛媛県上浮穴郡久万高原町　2015.9
山之内彦左衛門が私財を投じ元禄年間(1688〜1703)に完成

劈巌透水路《へきがんとうすいろ》――愛媛県西条市丹原町　2015.9

弥勒石穴――――香川県さぬき市大川町　2015.9
安政４年（1857）完成、登録有形文化財

吉成隧道―――徳島県勝浦郡上勝町福原杉地　2016.11
素掘りトンネルではなく石で造られた水路です。三つの暗渠がありました

三村《さんそん》用水第３トンネル――――徳島県三好市三野町　2015.9
三つの村に水を供給するため文政10年（1827）に完成

庄地のスイドウ———山口県大島郡周防大島町久賀庄地　2017.2
歴史は古く、江戸時代より前に造られた水路隧道です。周辺は棚田で、昔は稲作だったのでしょうが、現在はみかん畑で、石垣の中に隧道の穴が何か所か現存しています。水路隧道のルーツを感じます

潮音洞入口———山口県周南市鹿野町　2016.1
潮音洞取水口の中の素掘りがわかります。承応３年(1654)完成

国近久助（岩穴鬼右衛門）の洞穴———山口県長門市東深川　2016.1

国近久助の洞穴——「石橋探偵のブログ」より

「鬼の岩穴」とも呼ばれる、山口県長門市の『国近久助（岩穴鬼右衛門）の洞穴』は、ネットではJR美祢線の板持駅から川に向かい右側に△マークがありましたが、地元で会う人ほとんどが知りませんでした。3時間うろうろしましたが、実は川に向かい左側の「近松道路公園」の奥にあったのです。川沿いを歩き、やっと見つけました。

本来なら公園より奥の「観月橋」から行く方が早いのですが、「観月橋」からの道は、扉をひもで入れないようにしばってありました。とにかく見つかってよかったです。『国近久助の洞穴』は水利の悪いこの地域に寛政の初め（1790年頃）に完成した水路トンネルですが、現在は使われていないようです。素掘りの跡がよくわかります。休憩用のあずまやや、わかりやすい看板もありました。

美作まんぷ（稲穂のまんぷ）――――岡山県美作市稲穂　2013.10

美作《みまさか》まんぷ――「石橋探偵のブログ」より

岡山県美作市は「湯郷《ゆのごう》温泉」のある町です。めざすは『美作まんぷ』。「まんぷ」とは水がなく田畑ができない農民が、水の出るところから素掘りのトンネルを造り、池に溜めて、棚田に水を送るためのトンネル部分をいいます。三重県でいう「マンボ」で、「まんぷ」は漢字で「万歩」と書きます。

道がわからず、軽トラで農作業から戻る美作市稲穂地区のご夫婦に、場所を尋ねました。すると奥さんが車から降りて家に歩いて帰られ、私はご主人の軽トラに乗り、途中舗装されていない細い道と上り坂を行き、「まんぷ」のあるところまで乗せていただきました。大変お世話になりました。

「まんぷ」のある場所は幹線からも遠くはないのですが、山の上にあり、想像とは違っていました。「まんぷ」の穴をのぞくと動物の気配（おそらくコウモリ）を感じました。「まんぷ」は生きているのです。そして豊かな水を今も棚田に伝え、稲穂地区に稲穂のめぐみを与えています。

まんぷを通ってきた水をいったん新池に貯めます。そこから水路を伝って下の棚田に水が流れます

亀田の水穴———島根県鹿足郡吉賀町福川　2016.1
県道３号から200m水路伝いに歩くと、並々と水があふれた水穴の入口に来ました。しかしふたがあり、素掘りトンネルの入口を見ることはできませんでした。正保２年(1645)完成というから、水路トンネルの中でもかなり古いトンネルで、しかも現役です

鈴木七右衛門重秋暗渠———和歌山県白浜町日置川　2015.10

文化２年(1805)安居《あご》の地の庄屋・鈴木七右衛門重秋が私財を投じて造ったというのに驚きです。コンクリートの水門に覆われて、中を覗くとふたつの土管があり、その奥にかすかに暗渠の穴らしきものを感じました

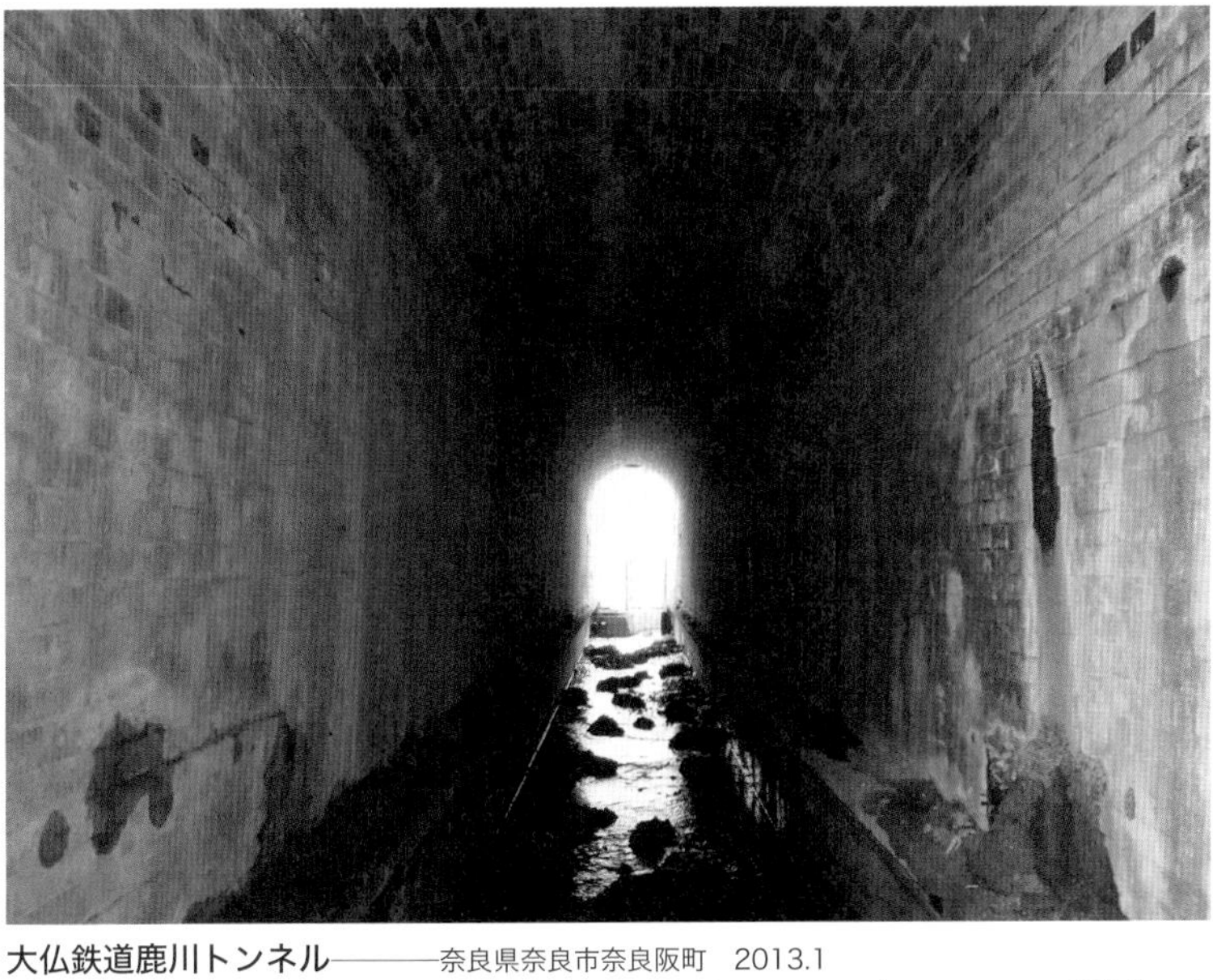

大仏鉄道鹿川トンネル———奈良県奈良市奈良阪町　2013.1
明治31年(1898)鉄道開通時、農業用水路として造られた石ポータルレンガ隧道です

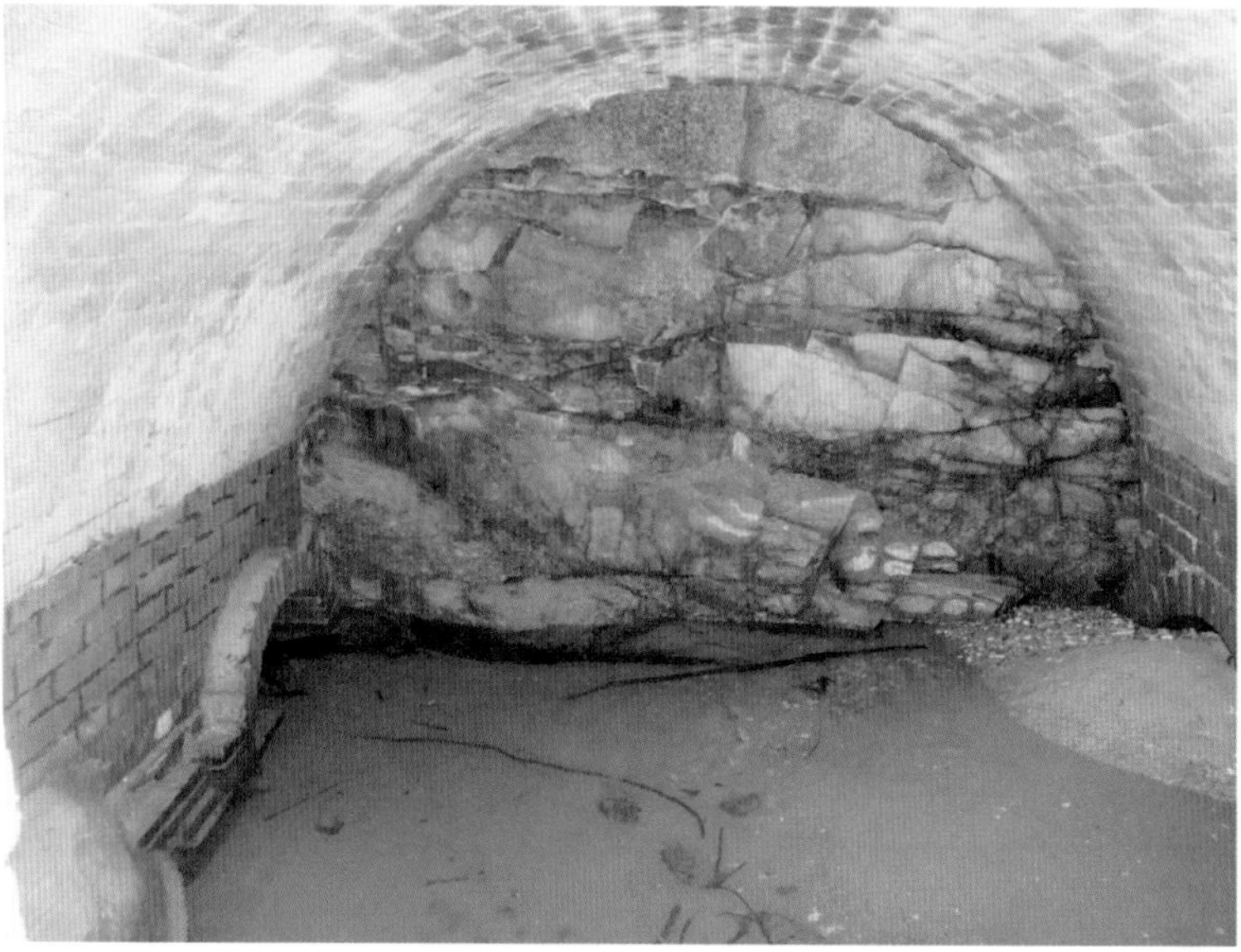

畝傍山横井戸————奈良県橿原市大久保町　2015.10

番水《ばんみず》の時計
――――奈良県御所市楢原　2015.10

『番水の時計』の周辺は扇状地で水不足に悩まされていた地域です。そこで、地下水路トンネルを掘り、水を確保したのです。『葛城《かつらぎ》マンボ』と呼ばれていましたが、その現物は今ではほとんど見られないということでした。そこでお寺に境内の下を流れる水路を撮影させてくれとお願いし、今回失礼ながら撮影しました。この水路からなみなみと水が流れていました。マンボといえるかどうかは微妙です

九品寺《くほんじ》取水口――――奈良県御所市楢原　2015.10

小西いで——「石橋探偵のブログ」より

地下水路トンネル『小西いで』を探しに、日本海のそばまでやってきました。前もって電話をしていた役場にあいさつ、突然の珍客にびっくりされたようでしたが、役場の人はだれも地下水路の存在は知らなかったようで、突然にもかかわらず、役場の方と地下水路トンネル探しとなりました。そして役場の人がガス屋さんと田んぼの前で待ち合わせ、ここの取水口から地下水路があると知らされました。しかし水量が多く、歓迎してくれたのは田んぼにいる大きなフナでした。

そしてマンホールの存在を教えていただき、ガス屋さんとはお別れ、役場の人と田んぼのあぜ道のマンホールへ行くも、ふたを開けることができず、役場の人が建築関係に電話、従業員の若い兄ちゃんがバールでマンホールのふたを開けてくれました。そこにはきれいな水があふれ、その下に石造りの水路が見えるのですが、水路いっぱいに水があふれているので、石造り地下水路トンネルの撮影は断念となりました。

ここは、民間の人が造られたもので、ネットなどでも写真は出てきていません。要するに、水量が多いため、水路の構造を撮影するのが困難なのです。しかし、私以上に役場の人が感動されていました。本当にすばらしい水文化がここにあります。ご同行していただいた、役場の人に感謝です。私だけではとても探せませんでした。

小西いで————兵庫県新温泉町浜坂　2015.9
役場の人の立ち会いのもとマンホールのふたを開けてもらいました

小西いで————兵庫県新温泉町浜坂　2015.9
マンホールの中は石造り地下水路トンネルです

草谷のマンボ―――兵庫県加古郡稲美町草谷　2013.11

久留麻(浦川)疏水隧道

――「石橋探偵のブログ」より

『久留麻（浦川）疏水隧道』を探しに淡路島の岩屋からバスで久留麻のバス停で下りた私は、ひたすら山に向かって歩きます。

長瀬橋から少し山に入ったところで、隧道らしきものを確認しました。しかし竹で見えなくて、さらに中に入ろうとすると、竹が入口をふさいでいました。竹さえ切れば中が見えるのに残念な結果でした。これでは地元の人もわかりません。

ここに淡路島の農業用地下水路トンネルの歴史があったのです。

久留麻疏水隧道――――兵庫県淡路市久留麻　2016.12

七つ池隧道
――「石橋探偵のブログ」より

大阪府和泉市の黒石地区に来ました。泉北ニュータウンの近くで、住宅が多いのかと思いきや、農村地域でため池がたくさんあります。

そして戸立池の奥の方から入る道を行くと、『七つ池隧道』の入口がありました。実に大きい入口です。水路がジュクジュクです。

そして、次は、大池の周囲、竹林の前を歩き、出口を見つけました。そこそこ大きいのですが、反対側の隧道はさらに大きく、関西で一番大きな農業用素掘りトンネルの穴だと思います。

隧道が完成したのは宝永10年（1710）のことでした。

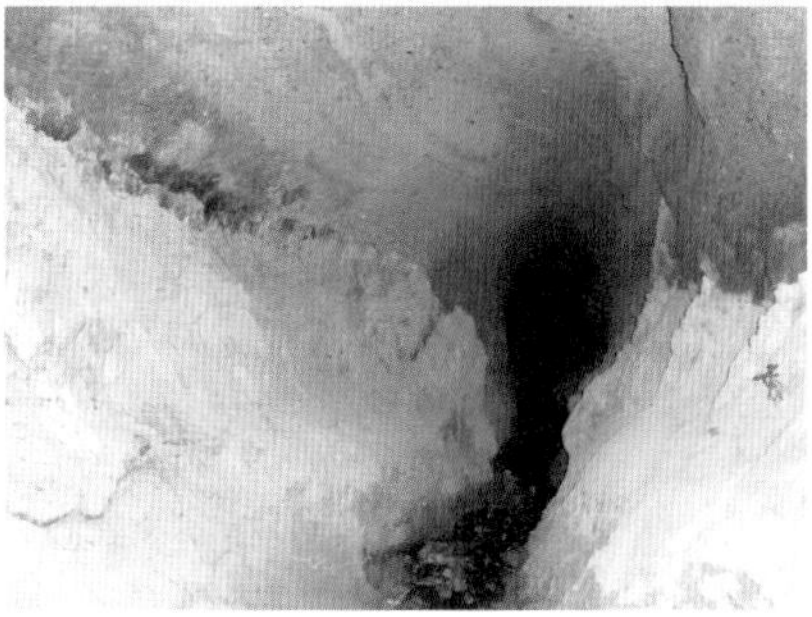

入口

出口

七つ池隧道――大阪府和泉市黒石町　2016.1

長谷《ながたに》棚田のがま———大阪府豊能郡能勢町　2015.3

長谷の棚田———2015.5

樽水隧道――「石橋探偵のブログ」より

　車で京都府福知山市樽水地区に入りました。「トンネルはどこですか」と家の前にいたおかあさんに尋ねると、「次の道を右に、そして山に向かって上り、左へ左へ、旧道は見えますがそこまで行かない」と親切に教えていただきました。そして上へ上がって行くと、草刈りをしているおとうさんがいたので尋ねると、「旧道まで下ると広場があるので、その手前の道を上りため池に着き、草刈りをした道を下り、水路伝いに行くと隧道がある」というものでした。「こどもでもわかる」と言われました。「わからない時は戻ってこい」と言われましたが、それが屈辱となります。このおとうさん、トンネルのことを「マンポ」と呼んでいた、「暗渠」とは呼ばない、と話してくれました。

　しかし、それからが難関でした。広場はなく、そこからの道は舗装されていなくて、普通車では上がれません。歩いて行くと、頭が三角のヘビ（マムシ）とご対面、にらみあいとなりました。そしてサワガニの横断、カエルも人の気配を気にすることなく跳びます。枝がマムシに見えてきて、困りつつもため池に着きました。丸太橋を渡り見渡しても道がわかりません。『樽水隧道』の石碑があったのでそこへ進み、音がしたので崩れそうな道を歩くも、残念ながらコンクリートの取水口でした。戻りつつ、ため池の斜面が草刈りされたように感じ、道なき道を下り、水路を発見、『樽水暗渠』というか『樽水隧道』にたどり着きました。扁額に文字が書かれてあるのですが、読めないのでそこに名称がわかるものがあるかも知れません。そして、暗渠を覗くと、コウモリが飛んでいました。石橋探偵、こどもでもわかる隧道を発見できてひと安心ですが、帰りも同じ場所でマムシとご対面、マムシの方から逃げてくれて、ほっとしました。

　ネットの情報だと「農業用水暗渠」だと思っていたのですが、「暗渠」というイメージとは違っていました。

樽水隧道――――京都府福知山市樽水　2015.9

瀬戸用水のマンボ―――三重県四日市市水沢　2013.11

音羽のマンボ――――三重県三重郡菰野町　2014.7

立梅《たちばい》用水素堀のトンネル――――三重県多気郡多気町　2013.12
文政６年(1823)完成

水銀坑跡
立入禁止
これはマンポではなく水銀坑跡です

素堀のトンネル
町指定文化財　第十一号
指定年月日　平成十三年五月二五日
多気町丹生字柳谷五四四五番地先(二ケ所)
多気町丹生字塔ノ本四九九三番地先
入口より二十九m附近には水銀を掘るためのタヌキ掘りと呼ばれる水銀坑道が交わっており、その岩肌には水銀採掘のための明かりとしてローソクを立てた跡が残っている。このトンネルは長さ七十一・五m、高さ一・八m、底幅一・五mで岩肌にはノミの跡が残され、岩一升米一升(岩を一升掘れば貴重な米一升をもらえたと言われる)ということわざが残るほどの苦難の工事であった。
この上流(丹生地内)に、あと二ケ所同様のトンネルが残されている。
多気町教育委員会
立梅用水素堀のトンネル説明板――――三重県多気郡多気町　2013.12

屋根のない学校のマンボ

——「石橋探偵のブログ」より

「屋根のない学校」は三重県いなべ市藤原町にある自然観察の施設です。入るときには、柵の扉を自分で開けて、それを閉めなければなりません。そこに寛政12年（1800年）に造られたマンボがあります。名前がないのでとりあえず『屋根のない学校のマンボ』にしておきます。

小雨の今日は長靴をはいて、撮影にのぞみましたが、それでも石の上には苔が覆っていて「スベルスベル」状態での撮影でした。入口からすぐのところに玉石に囲まれたマンボがありました。

「屋根のない学校」に「マンボ保存農業施設」というものがあります。要するに、マンボの水を利用して農業をする施設です。『屋根のない学校』には、マンボが4つほどありそうなので、探してみました。そして「マンボ保存農業施設」に近いところに、丸い穴を見つけたので、中を見たらマンボでした。周囲にはサワガニがいて、カメがいて、トンボがいてコガネムシがいます。ただ、人の気配がすると、カメでもサワガニでも必死で逃げます。この辺が最近の公園のカメと違うところでしょうか。とりあえず、「屋根のない学校」のマンボ2か所を撮影しました。感動です。

————三重県いなべ市藤原町　2015.9

片樋《かたひ》まんぼと親切な人々——「石橋探偵のブログ」より

マンボとは、三重・岐阜・愛知を中心に農業用水の不足に備えて造られた横穴式地下水路のことをいいます。三重県いなべ市大安町片樋に『片樋まんぼ』という日本一の規模で長さが5番目という現役のマンボがあります。安永4年（1775）に完成しましたが、なみなみならぬ苦労があったのです。宮山の湧水を灌漑用水に利用しようと素掘りで地下の横穴を掘り続けました。そのため、庄屋さんが全財産を投げうったといいます。完成後も明治18年（1885）の大地震で水不足になるなど、大変だったそうです。

今回三重県いなべ市を訪れて思ったことは、なんていい人たちなんだということです。何回かマンボを探しに道を尋ねたのですが、最初に尋ねた三岐鉄道三里駅の人にもマンボについて丁寧に教えていただきました。そして『明智川橋拱橋』でおじさんに正しいマンボの行き方を教わり、農家のおじさんの車の後をついて『片樋まんぼ』の駐車場まで連れていってもらいました。帰りに花の手入れをしていた青年にマンボの出口を案内してもらいました。ケーキ店の人たちも愛想よく、気持ちよく帰路につけました。

昔、いなべ市のとなりの菰《こも》野町《のちょう》で『峰城跡』を訪ねた時、親切に教えていただいたのですが、私が『峰城跡』から戻って来た時、集落の人総出で私を探していたということがありました。道を教えてくださった人が、間違った場所を教えたということで、住民を集めて探したそうです。そして、そのお宅で、アイスクリームや果物などたくさんごちそうになって帰りました。おそらくこの地域で暮らす人はそういうことが当たり前のように暮らしているのでしょう。人としてあこがれるすてきな町でした。日本にはまだまだすてきな町があります。だから旅をしてもらいたいものです。

なお、いなべ市にはマンボがたくさんありますが個人宅が多いようです。

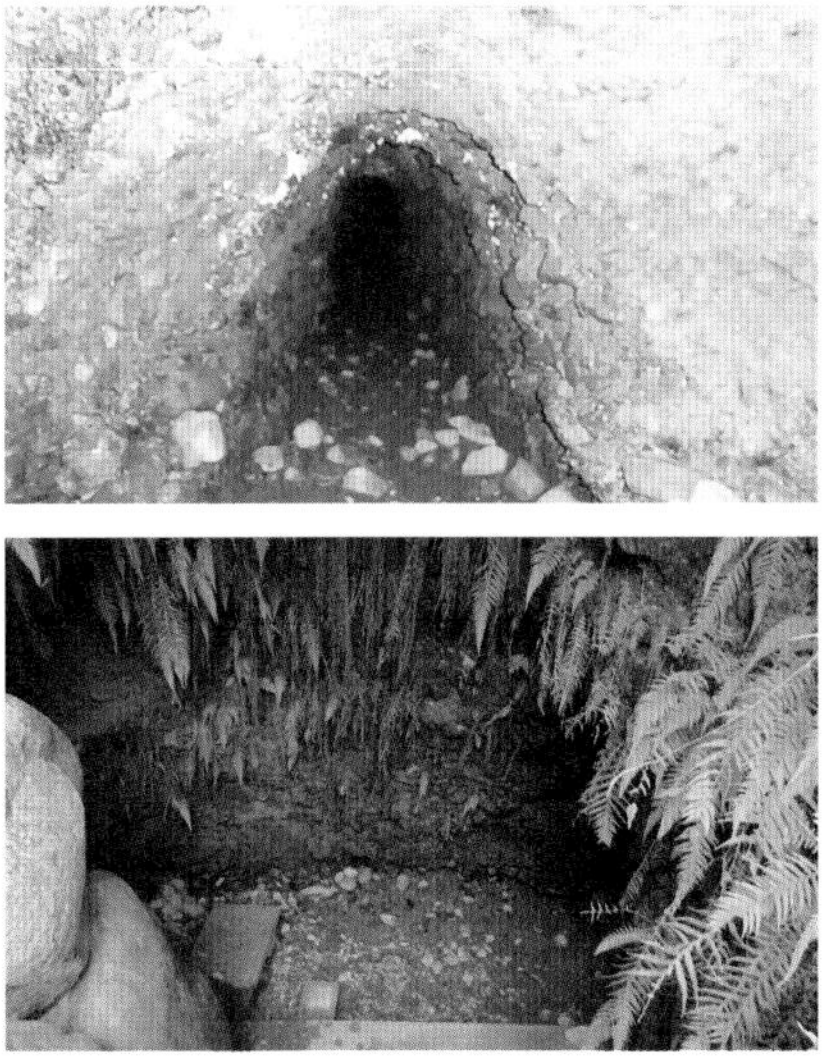

片樋まんぼ——三重県いなべ市大安町片樋　2012.12

下大久保マンボ———三重県鈴鹿市下大久保　2014.6

坂本棚田のマンボ———三重県亀山市安坂山町　2013.6

半田のマンボ———愛知県半田市桐ヶ丘　2013.11
博物館の地下にマンボがありますが、ふたがされていました

安沼用水隧道———静岡県富士宮市芝川町　2014.7
明治28年(1895)に完成した全長1550mのトンネルです。かつては素掘りのままでしたが石ポータルになっています。民家の敷地に、隧道を造る時にあけた空気穴の「命穴」が残されているそうですが、民家なのであえて探しませんでした。場所は幹線道路からではわかりにくく、「安居山上」のバス停から少し上がった所ですが、私は山沿いの水路を訪ねてたどりつきました

マンポ跡石碑———岐阜県揖斐郡池田町八幡　2013.10
明治20年(1887)頃の杭瀬川の下をくぐるマンボ跡。碑が「ポ」になっている不思議

野上マンボ———岐阜県不破郡関ケ原町野上　2013.10
蓋の下にマンボがあります。マンボの詩の看板あり

垂井のマンボ―――岐阜県不破郡垂井町　2016.12

こちらは洗い場のマンボです。垂井町周辺では農業用水以外にも家庭用水として洗濯や野菜洗いに使っています

羽沢《はざわ》のマンボ――岐阜県海津市南濃町　2013.11

羽沢のマンボ――「石橋探偵のブログ」より

岐阜県海津市のホームページに載っていた『羽沢のマンボ』をめざしました。具体的な場所がわからずうろつくうち、家から出てきたご主人にアプローチ。ご主人は足が不自由なので、『言葉をたよりに探しましたが、近くにあると思うのにわかりませんでした。周辺をずっと歩き、天井川を犬と散歩されているご主人に親切に案内していただきました。最初のご主人の言われたとおりだったのですが、どう見ても普通の溝になみなみと水が流れているとしか見えませんでした。

そしてほかの家の庭の中のマンボも案内していただき、マンボの専門家らしき人と偶然出会いました。そしてこの『羽沢のマンボ』は、『銀河鉄道の夜』で有名な宮沢賢治の学校時代の恩師・古川仲右衛門が関わっているマンボであることを知りました。

『羽沢のマンボ』は説明板もなく、はっきり言って穴も見えないので、地元で尋ねるしかありません。むやみに中に入ることはしないようお願いします。

奥田ため池のマンボ———岐阜県大垣市上石津町三ツ里　2014.11

奥田ため池のマンボ

——「石橋探偵のブログ」より

　岐阜県大垣市上石津町三ツ里の『奥田ため池のマンボ』を見に行きました。

　最近、行っては道がなくなりあきらめることが多かったのですが、役場と農家の人に道を尋ね、一番わかりやすいマンボを教えていただきました。

　『奥田ため池のマンボ』は5本造られたそうです。動物除けのフェンスもあり、入りにくいようでしたが、言われたとおり行くと、石垣が見えたので、すぐマンボとわかりました。もっと大きいものもあるということですが、このマンボで充分満足しています。

八幡入横井戸――長野県上伊那郡南箕輪村　2014.6

八幡入横井戸――「石橋探偵のブログ」より

時間的な問題もありましたが、長野県の伊那市のとなり、南箕輪村には横井戸といわれるマンボがたくさんあったそうですが、ほんの少しまわってきました。

ひとつは南箕輪村役場の道路沿いにある『八幡入横井戸』です。道路沿いからコンクリートの階段を下りると、水が流れていて現役の横井戸になっていました。中をカメラで覗くと、地下水路の世界でした。

そして、その日は小学校のマラソンらしく、交差点に立っている先生らしき人たちに話しかけ、「横井戸跡」の石碑があるというので、そのあと行きました。『かねなかの横井戸』の碑が道路沿いにあり、伊那地方での横井戸の撮影は終わり、家路を急ぎました。久々の地下水路を見たので思わず興奮しました。

五郎兵衛用水——「石橋探偵のブログ」より

『五郎兵衛用水』は江戸時代の初め、標高640mの浅科《あさしな》の原野に水田を造ろうと、市川五郎兵衛真親が山頂に近い湧水地から水路、トンネルを造り、木樋などで川を越し、造りあげたものです。いまでは、この地域はおいしい米を作る産地として有名になりました。

その『五郎兵衛用水』を探しに、「五郎兵衛記念館」をめざしました。やっとのことで山の上の「五郎兵衛記念館」を探し当て、そこで『五郎兵衛用水』の情報を入手、そして地下水路トンネルというか、「掘貫」という世界にはまってゆくのです。

五郎兵衛用水片倉隧道
——長野県佐久市甲　2015.4

姨捨《おばすて》の棚田——「石橋探偵のブログ」より

長野県千曲市「姨捨の棚田」は全国的にも有名な棚田です。その棚田を支えていたのが『ガニセ』という地下水路です。

姨捨の上流には湧水も出ていて、三つの池に水を溜めています。そこから水路を伝い、棚田へ水を送るのですが、その時、一部の水田は『ガニセ』という地下水路を掘り、田から田へ水を送るのです。

地元の農家では「ガニ」「ガニ」と呼んでいるようですが、『ガニセ』の「ガニ」はサワガニが通るという意味があり、「セ」とは水の「瀬」ではないのでしょうか。

その『ガニセ』現在ではほとんど残っていません。たまたまお話を聞いた農家の方が、貴重な所有者だったのですが、昔と違い農機具の機械化により、激しい振動で『ガニセ』はつぶれていったと聞きます。手作業で棚田を守ることの難しさと『ガニセ』という水を確保する文化の問を感じた次第です。姨捨の棚田はJR姨捨駅からが便利です。

姨捨《おばすて》の棚田のガニセ
———長野県千曲市八幡　2015.4

姨捨の棚田

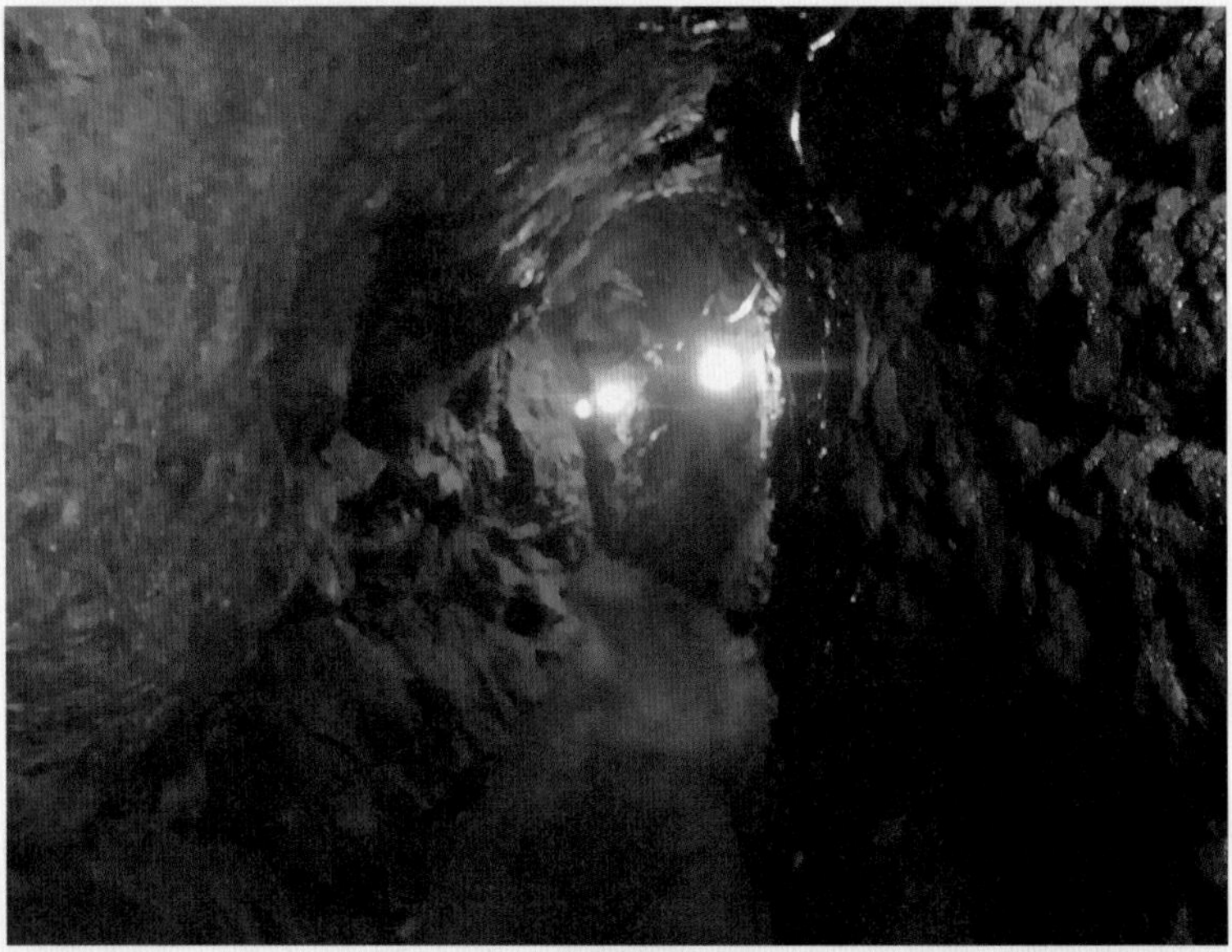

新倉掘抜———山梨県南都留郡富士河口湖町　2016.1

新倉掘抜

——「石橋探偵のブログ」より

富士山の近くに、日本最長の手掘りトンネルがあるので、山梨県の河口湖へ新幹線とバスを乗り継いでやってきました。その名は『新倉掘抜』と呼ばれ「河口湖新倉掘抜史跡館」の建物の中にあります。

岩盤を焼いて柔らかくしてから手掘りをする「焼掘」という作業をしている点や、「犬さがり」という空気穴を造っている点に特徴があります。慶応2年（1866）に完成した、日本を代表する地下水路トンネルです。

明千寺マンポ

——「石橋探偵のブログ」より

本日、日帰りで石川県の能登半島へ「マンポ探し」に行って来ました。今回は役場に問い合わせたのですが、役場の人が区長を紹介してくださり、区長は都合があるので、ご夫婦を紹介してくださいました。そして、電話のとおり進み、明千寺地区の明泉寺に到着しました。しかし、この待ち合わせたご夫婦も、まんぽには行ったことがないので今回をきっかけに行ってみようという人たちでした。そこで、区長に電話してくださると、区長も来るというので、待ち合わせになりました。ネットでは有名でも、現実は役場の人も行ったことがなく、区長だけが頼りとなりましたが、ご夫婦もとても親切な方々で、いつの間にか運転の疲れも忘れていました。

『明千寺マンポ』に向かうべく区長とご夫婦と私の4人で軽トラ2台で、山道に入りました。とても一人で行ける道ではありません。細い道で駐車して、さらに山の中の道へ案内されました。険しくはないのですが、これもまた私一人では無理でした。

私が他のマンポも見たいといったので、元に戻り、別のマンポも見せてくださいました。どちらのマンポも今までのマンポより高さがあり大きいのには圧倒されました。そのうえ最近見学会らしきものをしたのか、草刈りが行き届いて歩きやすかったです。

いずれにせよ、口で説明されても、『明千寺マンポ』は遠い存在です。片道マイカーで5時間、運転は好きではなく、さらに今回はまだ体調が十分には回復していない状態でしたが、「マンポ」と呼ばれる地下水路トンネル、そのすごさに驚きで、疲れも消えました。やはりきちんと場所の確認をし、地元の人と触れ合いながら案内されるのが、本来の「マンポ探し」だと感じました。案内していただきありがとうございました。

明千寺マンポ——石川県鳳珠郡穴水町明千寺 2015.10

舟《ふの》尾《お》川のマンポ――――石川県七尾市舟尾町　2015.10

深見村マンポ———石川県七尾市深見町　2015.10

湯川温泉そばのマンポ(鉄砲ぐり)———石川県七尾市湯川町大坪　2013.10
明治30年(1897)頃に工事を行ったそうです(次ページ参照)

マンポ、鉄砲ぐり、ホーダツ――「石橋探偵のブログ」より

石川県七尾市には、農業用の地下水路『舟尾川マンポ』と『深見村マンポ』があり、世界農業遺産なるものに認定されているといいます。そこで私が行ったのですが、『深見村マンポ』は場所がわかりにくいということで中止、『舟尾川マンポ』は説明板があったのはよかったのですが、どうみても場所がわからず地元の人に尋ねると「マンポは大小ふたつのトンネルが山を貫いている」ということでしたが、はしごで川に下りて、川の中を歩いて行かないと見られないので、好奇心はあっても勇気のない私はあきらめました。

ところが、七尾市湯川町の湯川温泉のそばにマンポがあるという情報を得ました。明治30年（1897）頃、湯川町大坪地内において用水路確保のための『鉄砲ぐり（隧道）』工事を行ったそうです。工事は押水町宝達《ほうだつ》村（現宝達志水町）の技術者により完成したそうです。現在でも山すその中に水路があり、ところどころ見ることができ、水琴窟のような音を奏でているので、大変面白かったです。地図を見てもわからないので、勝手に探してもわかりません。そしてこのような土木工事のことを湯川町では「宝達（ホーダツ）」と呼んでいます。

石川県七尾市湯川町の用水路工事を「ホーダツ」と呼んでいることを知った後、石川県宝達志水町のJR七尾線「宝達駅」のそばの『宝達川トンネル』という天井川をくぐるレンガトンネルを探しに行きました。しかしその前に国道471号の河原に着いたので『宝達川隧道』という天井川をくぐるコンクリートトンネルの撮影にかかりました。昭和37年（1962）完成ということなのですが、「隧道」と名前がついているので、それ以前にもトンネルがあったのではないかと推測できます。そして、天井川の「宝達川」に登ったのですが、草が多くて道がわかりにくかったです。ここにも滋賀と同じ天井川の文化があったのです。というか「ホーダツ」の起源からいうと、能登の方が先かもしれません。

中仙田のマブ——「石橋探偵のブログ」より

新潟県十日町市を流れる渋海《しぶみ》川へ行って来ました。といっても源流石橋ではなく、「マブ」です。「マブ」とは、山にトンネルを造って、川の水を入れて、沢全体を農地にしたものといわれています。地元の人も話してくれましたが、鉱山の間歩《まぶ》ではなく、農業用水の「マブ」なのです。同じ十日町市下組には『神明洞門』といわれる「洞門」と呼ばれるものがあります。川から水を取り入れたものでまさに「マブ」です。この『神明洞門』は江戸時代初期に造られたといわれていますので、もし「マブ」が存在していれば、鉱山の「間歩」より古い言葉になるかもしれません。

　そして、私は地元の青年の車に乗せてもらい、地元の人も知らない『中仙田のマブ』に連れていってもらいました。『中仙田のマブ』は、三重県いなべ市のマンボと同じかたちでした。水に勢いがあり、現役であるとともに、魚沼に近いこの地域においしい米をもたらすものでした。なかなか「マブ」の中を撮影出来なかったのですが、1枚だけ撮れましたのでご覧ください。本当に地元の青年に感謝しています。いつまでも「まぶだち」でいたいものです。

　『中仙田のマブ』には、説明板も何もありません。道路からあぜ道に入るので、わからないと思います。

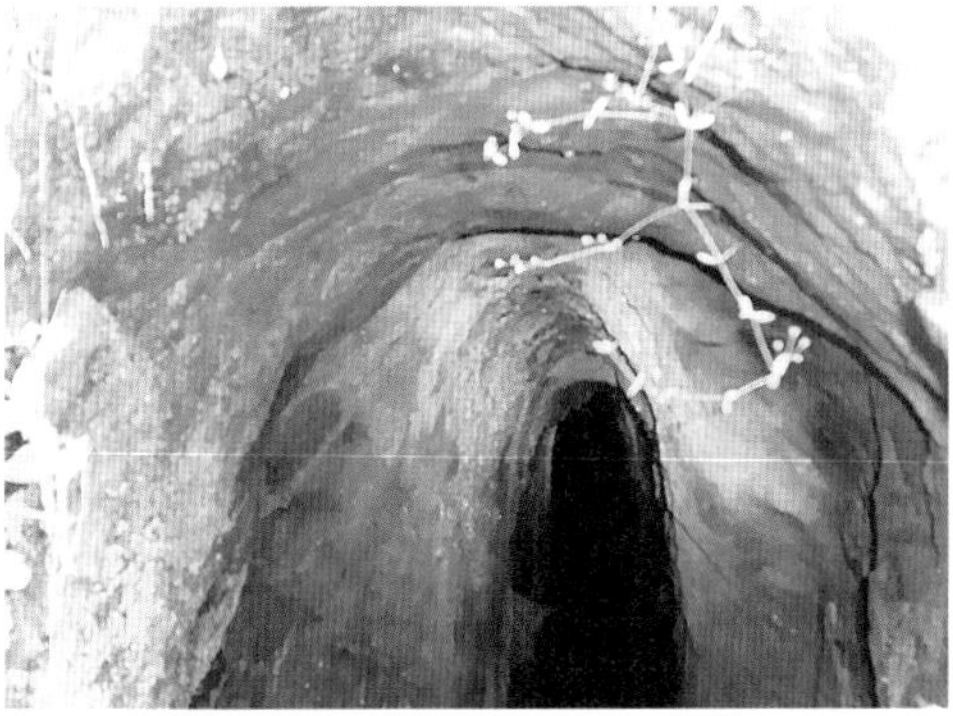

中仙田のマブ————新潟県十日町市中仙田　2014.6

大白倉のマブ――新潟県十日町市大白倉　2014.6

大白倉のマブ―――新潟県十日町市大白倉　2014.6

大白倉のマブ

――「石橋探偵のブログ」より

『中仙田のマブ』を案内していただいた後、十日町市の「道の駅せんだ」に戻り、仙田の大白倉地区の「マブ」を道の駅の地図で確認した上で、『大白倉のマブ』をめざしました。そこで今まで見た中で一番大きな地下水路トンネルと出会うのでした。

しかし、道が細いように感じた私は、『大白倉のマブ』の入口におられた地元の人に場所を尋ね、その家の前の空き家の土地に駐車して歩くことにしました。軽トラックなら行けそうですが、私の運転では危険でした。ちょっとでも早く行こうとして道を間違えつつまた戻り、普通にコンクリの道を下まで下りると、「マブ」が見えました。道からは大きな「マブ」がいくつも見えましたが、この「マブ」が一番でした。さらに近づくと、交差した「マブ」があったり、手掘りのねじれた芸術的な「マブ」だったりと驚きました。

説明板などはなく、「マブ」に近づこうとして下りることは危険なので、少し離れての撮影となりました。

中山隧道と水路隧道――「石橋探偵のブログ」より

　新潟県長岡市山古志、そう、あの中越地震の震源地に、『中山隧道』があります。手掘りの隧道としては日本一の長さといわれています。昭和8年（1933）から16年の歳月をかけて造られたトンネルで、平成10年（1998）中山トンネルが開通するまで使われていました。現在、落石があるということで通行止め、素掘りの素の字も見えませんでした。

　一方、『中山隧道』より長岡の町寄りにあるのが、『水路隧道』。農業用の水路トンネルで、山の中を通っている手掘りの隧道です。明治6年（1873）完成で、地元の田んぼに水を供給しています。道しるべもあってわかりやすいと思いましたが、肝心の隧道入口に説明板がないため、間違って沢伝いに上へ上へ行ってしまいます。普通に、トンネルの入口を探すのが先決でした。久しぶりのマンボ体験ができました。

水路隧道――新潟県長岡市山古志　2015.6
板で入れないようにしているのでしょうか

高柳地下水路―――新潟県柏崎市高柳町　2015.6
庭園『貞観園』の手前の農業用地下水路トンネル。その後、謎の穴の連続でした

高柳地下水路

――「石橋探偵のブログ」より

柏崎市高柳町の名勝庭園『貞観園』を探していると、道しるべの看板の横にどうみても山を貫いた農業用地下水路トンネルがありました。特に説明もなく『貞観園』の駐車場へ着きました。

そして入口付近に来ると、謎の穴のオンパレード。穴に蓋をしているのもあれば、中が見えるのもあります。保存用の穴なのか、水を送るトンネルなのか難しいところです。なんとなく水が流れている感じで、不思議でした。

『浄智寺横井戸』は岩盤をきれいに削っています。中は立入禁止

浄智寺横井戸———神奈川県鎌倉市山ノ内　2016.1

二五穴《にごあな》（平山用水）

——「石橋探偵のブログ」より

　皆さんは『二五穴』をご存知ですか。25個の穴ではなく、横2尺（60㎝）、縦5尺（150㎝）の穴のことで、千葉県君津市の小堰川周辺にある、農業用素掘りトンネルのことです。つまり、水のない土地に水を供給するために造られた地下水路トンネルで、今回は平山用水の『二五穴』を探しに行ったのです。

　無人駅の平山駅を降りたのは3人で、2人は左側、私は右に、ガソリンスタンドがあったので尋ねようとしましたが人の気配がしないのでそのまま道なりに進むと、「平山開墾碑」という石碑が見えて、そこを左折、用水路らしきものを感じ、本来なら水路沿いに行くところ、民家があったので歩くも人に会えず、その代わり鎖に繋がれていないゴールデンレトリバーに出会うと、犬の方も警戒したので無視することにしました。すると飼い主らしきおじさんが草刈りをしていたので、『二五穴』を尋ねると、『二五穴』は知らなかったのですが、平山用水のトンネルはご存知で、さっきの水路を進むとあることを教えてもらいました。

　しかし、あぜ道のような用水路の道は今朝までの雨でジュクジュク、しかも竹藪の竹が道をふさぎ、通れないので山の中に入り、またあぜ道に戻ることを繰り返し、最後は倒れている竹を持ち上げ、その下をくぐり散々な思いで『二五穴』に到着しました。『二五穴』からの水というより、周囲から水があふれ出し、さらにジュクジュクでの撮影となりました。あってよかった、人生我慢が大事だと教わりました。

　こういう『二五穴』は小堰川周辺の用水にあります。ちなみに「川廻しトンネル」という大きな人工のトンネルがありますが、『二五穴』ではありません。

二五穴《にごあな》（平山用水）
——千葉県君津市平山　2015.10

旧穴山堰の武兵衛出口――――岩手県奥州市胆沢若柳　2017.6
450～500年前に岩盤をくりぬいて作られた農業用水路といわれています

幻の穴堰《あなぜき》

——「石橋探偵のブログ」より

平成28年（2016）10月10日にオープンした『幻の穴堰』に入りました。『幻の穴堰』は青森県十和田市三本木地域の水不足を解消するため、慶応2年（1866）に、あの紙幣になった新渡戸稲造の父・新渡戸十次郎により着工されました。しかし、十次郎の急逝により工事は中断され未完成のままで終わったので『幻の穴堰』と呼ばれます。この穴堰は農業用だけではなく、将来ここに窯業ができるよう産業用水としての役目も期待されていたのです。

現在は、その一部を開放、三つの横穴から入り、見学することができます。水路トンネルとして利用されていないので、当時のままの形が残っています。つまり水が流れていないので安心して歩けますが、用意された長靴で歩きます。ヘルメットも着用で、私も4回頭をぶつけましたが、これもまた楽しい思い出になりました。勝手には入れないので、ガイドと一緒に楽しいトンネル歩きをしましょう。

穴堰は東北地方で使われている水路トンネルのことだと思います。岩手は『穴山堰』、宮城は『南原穴堰』、山形は『飯豊山穴堰』があります。ただし、『幻の穴堰』は未完成のままだったので、知名度は低いし、名前をつけなかったので資料としては難しかったのではありませんか。ところが広さがあり、トンネル探検としては一番です。

幻の穴堰——青森県十和田市三本木　2017.6
これは横穴入口です

編者あとがき

弟・秀三はかつて住んでいた大阪府茨木市の茨木城跡、そして高校1年で転居した滋賀県甲賀《こうか》市の水口《みなくち》城跡を皮切りに、全国各地の城や城跡の写真を撮ることを趣味としておりました。城博士、お城ウォッチャーとして一部では有名で、三つの雑誌に紹介されたほどでした。社会人になり東大阪市に下宿し、紳士服販売店の石橋店(大阪府池田市)の店長を務めた際、お客さんに喜んでもらえる企画の一つとして考えたのが全国の石橋の写真を店内に飾る「石橋店の石橋展」でした。はじめは店名にひっかけた洒落のつもりでしたが、石橋の持つ美しさや歴史に惹かれていきました。ちょうど城・城跡のほうはほぼ撮り尽くしていたこともあったのでしょう。それまでの城・城跡に向けられていた情熱が石橋に向けられることになりました。そして全国あちこちで石橋の写真展を開催するようになりました。

弟は東大阪にいる頃から滋賀県と関わりを持ち、大津市の滋賀会館ギャラリーでは閉鎖されるまで10年間「日本の石橋展」という写真展を催してきました。幸いにも滋賀会館には滋賀県の業界の組合が多く入居されていて、県のトップクラスの人たちも見に来られていました。開館の中に滋賀県文化振興事業団があり、発行している「湖国と文化」という雑誌の123号に特集として「湖国の石橋」が組まれ、以来県民に知られることとなりました。

また滋賀県甲賀合同庁舎の県観光展にて例外的に「甲賀十三橋」の企画展を開催させてもらえたこともあります。滋賀銀行の支店ロビーや「じゅらくの里」(湖南市東寺)などでも写真展をさせていただきました。親の介護のため滋賀に帰ってからは、県立琵琶湖博物館の「新空間」という一般が展示できるコーナーで石橋を含む写真展を毎年連続で開いていました。石橋、隧道関係の幅広い活動が評価され、平成26年（２０１４）2月「文化で滋賀を元気に！賞」（文化・経済フォーラム滋賀主催）を受賞させていただきました。

石橋の価値をもっと人々に知ってほしいと弟の採った方法はブログと写真展でした。平成22年（２０１０）滋賀県甲賀市の実家に戻り、パソコン教室に通ってブログを始めました。「石橋探偵のブログ」と称し、日々雑多な話題を混ぜつつ、マンポや石橋の旅を中心に続けていました。本書でもところどころブログから抜粋しています。

独特なのは写真展です。場所の使用許可を得ては全国で写真展を開き、今まで見過ごされてきた石橋、そして石橋と同じ構造を持つ石造りトンネルの素晴らしさを感じてもらい、なくなりつつある石橋や石造りトンネルの保存、そして町おこしへとつないでいくことが願いでした。当初はバブル期で、自治体が石橋や石造りトンネルを壊して新しい橋や道路に替えようとしていた時代で、水害や台風に強い石橋を守ろうという思いもありました。したがって敢えて撤去の懸念される場所で写真展を開くこともありました。市の方針と違うといって断られることもありました。

日本最古の総石造りトンネルである大沙川《おおすながわ》隧道（吉永のマンポ）、そして平成24年（２０１２）に貴重な設計図を発見した由良谷川《ゆらだにがわ》隧道（夏見のマンポ）などの石造りアーチトンネルが身近にあったことはマンポへの関心を強めることになりました。さらに地元で同じく「マンポ」と呼ばれている農業用地下水路トンネルにも興味が広がります。特に地下水路としてのマンポは、かつて水不足に困り果てた農民の努力の証しとして魅力的な文化遺産と感じたようです。晩年は地下水路としてのマンポに比重が移っていたように思います。また平成28年（２０１６）7月には、滋賀県立琵琶湖博物館のC展示室に自らの手による写真や情報をもとにした「石橋検索コーナー」が開設されたいへん喜んでおりました。しかし翌年その志も半ば、実家に戻ってからわずか7年後に帰らぬ人となってしまいました。

両親のいなくなった滋賀県甲賀市の実家で私は弟に「これまでの成果を本にしたらどうだ」と勧めたことがあります。世の中には自分より石橋に詳しい人が何人もいる、と遠慮していたものでしたが、研究者の少ないマンポだけでも本にする値打ちはあるのではないかと私は思いました。本書では、心臓と腎臓の両方が弱っていた弟の最後の写真展（「日本の石橋展25周年記念写真展石橋まんぽ」平成29年〈2017〉3月4日～26日、滋賀県立琵琶湖博物館にて実施）での写真を中心とし、ブログ発表のみの資料も加え編集しました。石橋と言えば九州が有名ですが、他県のことは人にお譲りし、本書では地元滋賀県の石橋・隧道に限ることとしました。その一方で、地下水路トンネルとしてのマンポのみ他県も含めて編集しました。また、デジタル写真を用いましたので、フィルム写真でのみ残っているものは掲載できませんでした。一人でも多くの方の目に留まり、弟の願いどおり今後の研究、保存、町おこしに資することができましたなら幸いです。

最後に、サンライズ出版の矢島様はじめ本書の刊行にご尽力くださった皆様に感謝申し上げます。とりわけ生前の弟と共同展をするなど親交を深め、今回ハガキ絵の使用をお許しくださった柳井直躬様には格別の感謝を申し上げます。

令和5年（2023）年2月

森野雄二郎

参考文献

■著者原稿

「湖国の石橋紀行」㈶滋賀県文化振興事業団発行「湖国と文化」第１２３号、２００８年）

「近代土木遺産Ａ級のトンネルがずらり　魅力的で奥が深い『まんぽ』の世界」㈶滋賀県文化振興事業団発行「湖国と文化」第１５９号、２０１７年）

「石橋の魅力」（明治安田生命関西を考える会発行「関西の橋づくし、橋めぐり」２０１５年）

「石橋を町おこしに生かす『甲賀十三橋めぐり』」（日本の石橋を守る会発行「会報　日本のいしばし」86号、２０１５年）

「消える石橋　魅惑のアーチ」（日本経済新聞２００４年11月18日文化欄）

■一般書籍

瀬川欣一『近江　石の文化財』サンライズ出版、２００１年

小野田滋『鉄道構造物探見　トンネル、橋梁の見方・調べ方』ＪＴＢキャンブックス、２００２年

今尾恵介『新・鉄道廃線跡を歩く４　近畿・中国編』ＪＴＢパブリッシング、２０１０年

山口祐造『石橋は生きている』葦書房、１９９２年

絵・花房徳夫、文・安藤由貴子『美作まんぷ　命をつなぐ用水づくり――明治から現代へ』農山漁村文化協会、２００９年

土木学会土木史研究委員会編『日本の近代土木遺産　現存する重要な土木構造物２８００選［改訂版］』土木学会、２００５年

藤谷一海『滋賀県方言調査　続編』教育出版センター、１９７９年

■その他

日本の石橋を守る会発行「会報　日本のいしばし」90号、２０１７年

■著者紹介

森野　秀三（もりの・しゅうぞう）

1959年（昭和34）静岡県三島市に生まれる。京都産業大学法学部卒。印刷会社、紳士服販売会社、石材会社などに勤務。高校時代から城・城跡に興味を持ち、アマチュア写真家として活動。社会人になってから石橋やマンポの調査を続け、全国で写真展を開催し、文化的価値や保存を訴えた。2017年（平成29）9月逝去。

写真提供：株式会社ヤマプラ

■編者紹介

森野　雄二郎（もりの・ゆうじろう）

1957年（昭和32）滋賀県坂田郡米原町（現米原市）に生まれる。神戸大学教育学部卒。兵庫県立高校国語科教諭として42年間勤務。兵庫県宝塚市在住。

滋賀の石橋とマンポ

石造りの橋と隧道《ずいどう》・地下水路トンネルめぐり

2023年３月31日　第１刷発行

著　　者　森　野　秀　三

編集・発行　森　野　雄二郎

制作・発売　サンライズ出版株式会社

〒522-0004　滋賀県彦根市鳥居本町655-1

TEL　0749-22-0627　FAX　0749-23-7720

印刷・製本　シナノパブリッシングプレス

ISBN978-4-88325-788-1　Printed in Japan